美育简本

中国茶道之美
一〇〇问

杨巍 著

海峡出版发行集团
THE STRAITS PUBLISHING & DISTRIBUTING GROUP

福建美术出版社

U0102555

图书在版编目（CIP）数据

中国茶道之美 100 问 / 杨巍著 . -- 福州 ： 福建美术
出版社 ， 2023.12
（美育简本）
ISBN 978-7-5393-4506-2

Ⅰ．①中… Ⅱ．①杨… Ⅲ．①茶道－中国－问题解答
Ⅳ．① TS971.21-44

中国国家版本馆 CIP 数据核字（2023）第 196048 号

出 版 人：郭　武
责任编辑：侯玉莹　郑　婧
封面设计：侯玉莹　李晓鹏
版式设计：李晓鹏　陈　秀

美育简本・中国茶道之美 100 问

杨巍　著

出版发行：福建美术出版社
社　　址：福州市东水路 76 号 16 层
邮　　编：350001
网　　址：http://www.fjmscbs.cn
服务热线：0591-87669853（发行部）　　87533718（总编办）
经　　销：福建新华发行（集团）有限责任公司
印　　刷：福建新华联合印务集团有限公司
开　　本：889 毫米 ×1194 毫米　1/32
印　　张：7.5
版　　次：2023 年 12 月第 1 版
印　　次：2023 年 12 月第 1 次印刷
书　　号：ISBN 978-7-5393-4506-2
定　　价：48.00 元

目　录

茶叶之美

茶空间之美

茶叶之美

1. 茶的发现是个美丽的神话吗？

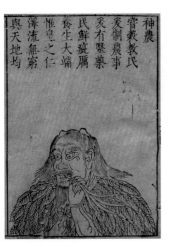

图 1-1 神农氏
明·孙承恩《集古像赞》，明嘉靖十五年刊本

知名学者朱大可说："重塑中国文化精神，必须厘清中国文化起源，而文化起源的追溯，则必须从上古神话开始。"

中国人发现、认识和利用茶，也是从一个美丽的上古神话开始的。

唐朝陆羽《茶经·六之饮》云："茶之为饮，发乎神农氏，闻于鲁周公。"《神农本草经》也说："神农尝百草，日遇七十二毒，得茶（茶）而解之。"

神农氏即炎帝，中华民族的祖先之一。他亲尝百草，不幸中毒，茶又在无意间解了毒。从此，茶便作为一种良药进入中国人的生活。

自神农氏后，茶可治病救人成为许多名茶传说的经典叙事，而这些故事中出现

图 1-2　新采的芽叶

的与各种茶的发现、种植或创制过程相关的人物，角色与身份不一
而足。

　　或为仙佛，如观音（铁观音茶）、武夷君（武夷茶）；或为僧
道，如"种茶始祖"吴理真（蒙山茶）、道教灵宝派祖师葛玄（天台
茶）；或为名士名流，如"云南茶祖"诸葛亮（普洱茶）、"北苑茶
神"张廷晖（北苑贡茶）；或为普通百姓，如太姥娘娘（白茶）、叭
岩冷（景迈山古树茶）；等等。

　　这些口口相传的神话与传说，虽不足为信史，却朴素温暖，饱含
着中国人对茶这种健康灵叶的美好想象、感恩与敬畏。

2. 茶园（茶山）美在哪儿？

中国是世界茶树的发源地，也是世界上最早发现、利用并栽植茶的国家。中国的茶区分布在东经94°～122°、北纬18°～38°的广阔疆域里，包含着18个产茶省（直辖市、自治区）、1000多个产茶县、4000多万亩的茶园，是名副其实的"瑞草之国"。

盆地、平原、丘陵、山地、高原，皆有茶。云南西双版纳古茶林的粗犷，江南梯田茶园的灵秀，武夷山"盆栽式"茶园的精致，连片"茶海"的壮观……每一处，皆动人。

"此物信灵味，本自出山原"，"喜随众草长，得与幽人言"（唐·韦应物《喜园中茶生》）。西双版纳热带雨林的古茶园，仿佛遗世独立的隐者，透着洪荒粗犷之美。

图 2-1 云南古茶林
在云南勐海，随处可见古茶树
（摄于南糯山）

图 2-2　梯田茶园
层层叠叠，缠绕披拂于山

　　普洱景迈山的古茶林，云深林密，形成"林茶共生，人地和谐"的文化景观。2023年9月17日，"普洱景迈山古茶林文化景观"被列入联合国教科文组织《世界遗产名录》，成为全球首个茶主题世界文化遗产。

　　"水无涓滴不为用，山到崔嵬犹力耕。"[宋·朱服《句（其三）》]在"八山一水一分田"的福建，梯田茶园俯拾皆是。层层叠叠，缠绕披拂于山，似轻轻荡开的涟漪，又似模印在大地上的指纹，活泼生动。

　　武夷岩茶以"岩骨花香"而著称，这一特质的形成，得益于武夷山的"绝版"产地环境，当地人称为"山场"。这里"岩岩有茶，无岩不茶"，精致的"盆栽式"茶园景观，恐怕在全国都是独一无二的。就类型而言，有坑、涧、峰、岩、洞、窠等，品质优异者多产于山坑岩壑之间，如声名显赫的"三坑两涧"（牛栏坑、慧苑坑、大坑口、流香涧、悟源涧）就是岩茶爱好者们心目中的"圣地"。

3. 中国名茶中都有哪些好听的名字?

有句茶谚说:"茶叶喝到老,茶名记不了。"

可见,中国茶的花色品种,乃百花齐放、争奇斗艳。据不完全统计,中国茶叶品种多达上千种,名茶则有百余种。

"名茶",顾名思义,就是有名气的茶。这些茶,不仅有"颜值"(形美、色美)、有实力(品质优异),名字也很美。

中国名茶的命名多以产地为前缀,再以形状、色、香、味、茶树品种、制茶工艺等作为组合。

"产地+形状",如洞庭碧螺春、安化松针、

图 3-1　政和白牡丹

图 3-2　永春佛手茶

六安瓜片、都匀毛尖等；"产地+色+形"，如福鼎白毫银针、政和白牡丹、顾渚紫笋、蒙顶黄芽等；"产地+香"，如舒城兰花、永春佛手茶（香橼）等；"产地+味"，如江华苦茶、武夷肉桂、蒙顶甘露等；"产地+茶树品种"，如安溪铁观音、漳平水仙、冻顶乌龙、凤凰单丛、云南滇红等。

制茶技术的交流与进步，让越来越多新创名优茶加入中国茶的"大家庭"，如金骏眉、江山美人茶、岳西翠兰、千岛玉叶、临海蟠毫等，皆为茗坛新秀。

武夷岩茶的名字尤为特别。比如"四大名枞"——大红袍、铁罗汉、水金龟、白鸡冠。还有不知春、向天梅、玉麒麟、玉井流香等千奇百怪的"花名"。

当代，产品名更是五花八门。为彰显个性，各地茶商无不搜肠刮肚、争新斗奇。

但凡佳茗，必有美名。

图 3-3 云南滇红

萬春銀葉

銀模 銀圈
兩尖徑二寸
二分

图4-1 《宣和北苑贡茶录》
中收录的"万春银叶"图样

4. 在古代，茶有哪些好听、好玩的别称？

中国的文人很浪漫，热衷于为自己喜欢的事物取别称或雅号。就茶而言，别称有槚、蔎、茗、荈、皋芦、瓜芦等。中唐以前，"茶"字有时也用来指茶。历代有关茶的雅名，如星辰般散落在诗文里。

言茶之美好，如叶嘉、嘉木英、草中英、瑞草魁、王孙草等。

强调外形，如鸟嘴、鹰嘴、雀古、枪旗（旗枪）、片甲、鹰爪、蝉翼、玉芽、仙芽、麦颗、月团、圣杨花、吉祥蕊等。

强调色泽，如云华、云腴、石乳、雪乳、碧霞、春雪、玉尘、白云英等。

瑞雲翔龍

銀模 銅圈
徑二寸
五分

图4-2 《宣和北苑贡茶录》
中收录的"瑞云翔龙"图样

小龍

图4-3 《宣和北苑贡茶录》
中收录的"小龙团"图样

图 4-4　仿宋龙茶

强调滋味，如甘露、月露、余甘氏、甘心氏、苦口师、晚甘侯、橄榄仙等。

强调香气，如香叶、香乳等。

强调功效，如不夜侯、涤烦子、清人树、森伯、清友等。

还有，如水厄、鸡苏佛、水豹囊、冷面草、玉蝉膏、清风使、耐重儿等诨名。

宋茶贵白，因而北苑贡茶的名字多带有"银""雪""云"之类的字眼。宋朝熊蕃的《宣和北苑贡茶录》一书所记载的北苑贡茶诸花色，光听名字便知出自文人之手，如"雪英""玉华""寸金""龙园胜雪""乙夜清供""龙凤英华""万春银叶""玉清庆云""瑞云祥龙""南山应瑞""壑源拱秀""旸谷先春"等。

文人们不仅给茶起雅号，还将茶拟人化，为它立传，如宋朝苏轼的《叶嘉传》、元朝杨维桢的《清苦先生传》、明朝徐岩泉的《六安州茶居士传》等。

5. 茶有哪些优美的外形?

从古至今,中国茶都很会"凹造型"。茶的万千姿态,激起了文人诗客的丰富想象,他们以诗性浪漫的语言来形容茶。

"茶圣"陆羽就是一个细致的观"茶"家。他写道:"茶有千万状,卤莽而言,如胡人靴者,蹙缩然也;犎牛臆者,廉襜然;浮云出山者,轮囷然;轻飙拂水者,涵澹然……"(《茶经》)

又如,形容细芽嫩叶,有"雀舌""鸟嘴""凤爪""旗枪"等;形容团茶,有"月团""苍璧"等;宋朝北苑贡茶亦有玉圭、方形、花形、多边形等形状。

图 5-1　武平梁野翠珠(螺形)

图 5-2　安吉白茶(芽形)
虽名"白茶",却用了绿茶的制作工艺

图 5-3　云南普洱沱茶(碗白形)

图 5-4　杭州西湖龙井茶(扁片形)

明以后，团饼茶逐渐淡出人们的生活，散茶成主流，茶叶的外形越来越多姿。发展至今，更是千姿百态：芽形、条形、螺形、针形、朵形、饼形、环形、砖形、扁片形、卷曲形、颗粒形、圆珠形、瓜子形、束朵形、方块形、扎花形、碗臼形、长筒形……一片茶叶，借不同的工艺，变化出了千形万状！

除了外形美，冲泡时，茶在水中徐徐舒展的姿态也很美。直到完全绽放，娟娟静好。

图5-5　白色棉线缠绕盘旋，捆扎着数枚颀长的梗叶（束形）

图5-6　外形仿制成唐宋时代饼茶的现代茶（饼形）

图5-7　雪松（方块形）

图5-8　天台华顶云雾茶（芽形）

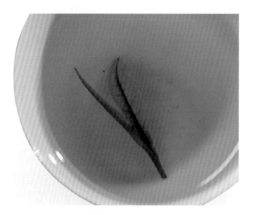

图 6-1　安吉白茶的芽叶与汤色
浅浅淡淡的绿，是晕染了早春新芽之色

图 6-2　乌龙茶有"绿叶红镶边"
之美称

6. 茶有哪些好看的颜色?

好茶虽不完全靠"脸"吃饭，但好茶一定有"姿色"。

中国茶，根据制造方法不同和品质差异，分为绿、红、青（乌龙茶）、白、黄、黑六大茶类。但，这些只是"基本色"，中国茶的色彩远比你想象的丰富得多。

干茶、茶汤及叶底，皆有色，且深浅、明亮不一。

干茶色泽，仅绿色，就有嫩绿、黄绿、灰绿、银绿、墨绿、砂绿、蜜绿、乌绿、苍绿之分；茶汤色泽，有浅黄、杏黄、深黄、橙黄、橙红、深红等。

六大茶类，各有自己的"本色"。

绿茶，属不发酵茶。有干茶色泽绿、汤色绿、叶底绿等"三绿"特征。绿，是春天的底色。所以，很多人说，绿茶是春的使者。

红茶，属全发酵茶。因红汤（汤色）红叶（叶底）而得名。其干茶色泽却乌黑油亮，它在创制之初被称为"乌茶"，英语叫"Black Tea"。

图 6-3　黑茶汤色呈金红色
梧州六堡茶的茶汤，金红色的茶汤，摇曳着浪漫之色

青茶，即乌龙茶，属半发酵茶。其品质介于绿茶与红茶之间，色泽青褐。冲泡后，叶片中间绿，叶缘红，有"绿叶红镶边"之美称。

白茶，属轻发酵茶。原料采用肥壮毫多的芽叶，白毫满披，色白如银似雪，汤色杏黄清亮。

黄茶，亦属轻发酵茶。关键工序"闷黄"，成就了它的"黄汤黄叶"。

黑茶，属后发酵茶，因叶色油黑或黑褐而得名，汤色橙红或橙黄。

图 6-4　舒展开的乌龙茶叶底
叶脉突显、鲜活如初

7. 茶有哪些好闻的香气?

常常听人用"可以喝的香水"形容一款茶。的确，茶香芬芳，或浓郁，或淡雅，给人美的愉悦享受。

但，茶香并不具象，要靠嗅觉去品赏。

茶香的形成，是茶树本身、自然环境与制茶工艺共同作用的结果，品种香、地域香与工艺香，相互交织。

茶类不同，香气千差万别。而且，每款茶并非仅有单一香型，而是多种香型的组合，就如余韵悠长的香水。

绿茶，有栗香、豆香、嫩香、毫香、兰花香等香型，蒸青绿茶的香则似海苔，洞庭碧螺春有着独特的花果香。

红茶的香型有花香、蜜香、果香、甜香、薯香、焦糖香等。"世界红茶鼻祖"正山小种红茶，松烟香独树一帜。世界三大高香茶之一的祁门红茶，更是以"祁门香"著称。

乌龙茶的香型大致有花香、熟果香与花果香三种。但因品种、产地、工艺不同，其香气千变万化。比如，安溪铁观音有清香型、浓香型与陈香型之分，黄金桂有浓郁的蜜桃香，武夷肉桂有辛辣桂皮香，凤凰单丛的香型更是多达十余种。

白茶，其香型因年份长短而有差异。当年采制的白茶以清香、毫香为主；陈年白茶的香型则见仁见智，据茶友归纳，有梅子香、粽叶香、枣香、樟香、药香等。

黄茶与绿茶是"近亲"，有清香、嫩香、甜香、花香等，黄大茶香似锅巴。

黑茶以陈香为主，品种不一，香气有别。如茯砖茶有菌花香，六堡茶有槟榔香，普洱熟茶有糯香、枣香、荷香等。

8. 茶有哪些美妙的滋味？

图8 茶汤之"活"，是优质原料、良好工艺与妥善存放的综合体现

尝滋味是人与茶最亲密的接触方式。

在古人眼中，一杯好喝的茶，应具备"鲜""清""甘""滑"等特点。

这些特点，放在今天同样适用。不过，六大茶类皆有各自的"本味"。

绿茶，鲜醇、醇爽、甘滑、回甘；红茶，甜醇；乌龙茶，醇厚，有"韵"；白茶，醇和、醇厚（陈年白茶）；黄茶，滋味与绿茶相似；黑茶，陈醇。

上述这些出自《茶叶审评与检验》的描述系专业审评术语，未免太过"一本正经"，而在日常生活中，人们对茶味的评价往往很生动。譬如，以"霸气"形容云南老班章普洱茶（晒青绿茶）或武夷山牛栏坑肉桂的滋味。

人们喝茶，通常喜欢甘、醇。然而，苦、涩，并非不美，恰恰相反，它们是茶不可或缺的滋味。古往今来，但凡真正的爱茶人，对茶的苦涩都会接受、欣赏、喜爱，甚至期待，期待苦尽甘来的快意。著名作家周作人就自称"苦茶上人"，其书房亦名为"苦茶斋"。苦茶，蕴含着文人对人生的思考。

先苦后甜，千回百转。苦尽甘来，回味悠长。品的是茶，也是人生。

9. 茶韵有多美妙?

但凡佳茗，除了能在形、色、香、味等方面给我们带来感官愉悦，还能带来一种称为"韵"的美妙体验。譬如，武夷岩茶有"岩韵"，安溪铁观音有"音韵"，普洱熟茶有"陈韵"，太平猴魁有"猴韵"，等等。

"韵"为何物?这几乎难以用言语准确地表达，让人既熟悉又陌生。

宋朝范温与王偶曾有关于"韵"的对话。范温云："有余意之谓韵。"王偶曰："余得之矣。盖尝闻之撞钟，大声已去，余音复来，悠扬宛转，声外之音，其是之谓矣。"

茶韵亦然。虽看不见摸不着，但品者皆能感觉到这一微妙的存在。

陆羽在《茶经》中所提到的"隽永"，可视为"韵"的一种表现形式。书中对于"隽永"的注解是："至美者曰隽永。隽，味也。永，长也。史长曰隽永，《汉书》蒯通著《隽永》二十篇也。"

史上，把茶韵品得最精彩的当属唐朝的卢仝和皎然。卢仝《七碗茶歌》云："一碗喉吻润……七碗吃不得也，唯觉两腋习习清风生。"皎然《饮茶歌诮崔石使君》："一饮涤昏寐，情来朗爽满天地。再饮清我神，忽如飞雨洒轻尘。三饮便得道，何须苦心破烦恼。"二人品茶，品出了境界。

因此，"茶韵"是茶之香、味带来的感官体验与精神感悟的综合，是身与心、内与外、虚与实的有机结合。

图9 武夷岩茶
它独树一帜的"岩韵"，除了天赐的产地环境外，与精湛考究的制作技艺是密不可分的

图 10-1　不同外形的绿茶
绿茶之美，美在千姿百态

10. 绿茶有多美？

绿茶，中国茶中占比最大也最古老的茶类。

在成为饮品前，茶曾被当作药物、食材。鲜叶采下后，或生吃，或煮汤，或做菜。

自汉朝起，直至唐宋，蒸青团饼茶一直颇受欢迎，且是贡茶的"标准样"。譬如，唐朝紫笋茶、宋朝"龙团凤饼"，皆深得帝王青睐。其制法是先将茶鲜叶蒸熟、捣碎，再装入模具拍压成型后烘干。

明朝，朱元璋的一道圣旨终结了团饼茶的贡茶地位，芽叶保持完整的散茶渐渐崭露头角，萌芽于唐的炒青技术日渐成熟。像今天我们所熟悉的西湖龙井茶、黄山松萝茶、六安瓜片等名茶，都是在明时出现的。到清朝，随着制茶技术的不断革新，全国各地名茶纷纷涌现，形成了如今"星"光闪烁的名优绿茶"大家族"。

绿茶之美，美在形色，美在滋味。

著名作家余秋雨曾这样品赏绿茶："一杯上好的绿茶，能把漫山遍野的浩荡清香，递送到唇齿之间。茶叶仍然保持着绿色，挺拔舒展地在开水中浮沉悠游，看着就已经满眼舒服。凑嘴喝上一口，有一点草本的微涩，更多的却是一种只属于今年春天的芬芳，新鲜得可以让你听到山岙白云间燕雀的鸣叫。"（《极端之美》）他在一杯翠鲜的绿茶中，品味到了生机盎然的春天。

论品滋味，清朝陆次云算得上龙井茶的千古知音。他说："龙井产茶，作豆花香，与香林、宝云、石人坞、垂云亭者绝异，采于谷雨前者尤佳。啜之淡然，似乎无味，饮过后，觉有一种太和之气，弥沦于齿颊之间，此无味之味，乃至味也。"（《湖壖杂记》）

绿茶的香气也很惹人喜爱。比如，洞庭碧螺春的别称叫"吓煞人香"，这茶有多香，可想而知了。另外，还有栗香、豆香、兰花香、海苔香等香型，总有一款会是你的心头爱。

图 10-2　绿茶茶汤
在一碗绿茶中，可以品尝到生机盎然的春天

11. 红茶有多美？

"我觉得我心儿变得那么富于同情，我一定要去求助于武夷的红茶；真可惜酒却是那么的有害……"英国浪漫主义诗人拜伦曾在其代表作《唐璜》中这样深情表白道。

为何来自中国的武夷红茶会令他如此深情款款？

红茶，诞生于福建武夷山的星村镇。

我们知道，绿茶是通过杀青来阻止青叶红变，红茶则恰恰相反，就是要让茶青红变，形成"红汤红叶"的特点。

红茶，分为小种红茶、工夫红茶和红碎茶。

小种红茶的首席代表，就是拜伦钟情的正山小种，它是世上最早的红茶。

工夫红茶亦是中国特有，其花色繁多，祁红、滇红、闽红、宁红、越红、川红工夫等，有十多种。其中，祁红是佼佼者，香名远播，有"群芳最"之美称。

红碎茶不是我国特产，却是国际茶市的大宗产品，印度、斯里兰卡等国是红碎茶的主要生产国。

品红茶，重在品赏香气与滋味。

正山小种，由松烟熏制而成，具松烟香和桂圆味，汤色红浓艳丽，是调制奶茶的佳选。

图11 "冷后浑"出现的过程

　　金骏眉是武夷红茶的传奇"新秀"。制作原料均为头春嫩芽，每制500克就需要数万颗芽头。其色乌黑、金黄相间，冲泡后，花香、果香、蜜香，次第呈现，滋味甜润鲜活，带花香蜜韵。

　　祁红的"祁门香"举世闻名，它与印度大吉岭红茶、斯里兰卡乌瓦茶并称世界三大高香茶。"祁门香"，似蜜糖香，又蕴藏兰花香。

　　以云南大叶种为原料制作的滇红，香气鲜郁高长，滋味浓厚鲜爽，富刺激性，也适合加糖加奶调饮。

　　除好闻、好喝外，如果你喝的红茶茶汤与茶杯相接处显"金圈"，茶汤冷却后立即出现乳凝状的"冷后浑"，那么恭喜你，你的红茶很"高大上"！

12. 乌龙茶有多美?

乌龙茶,又名青茶,它兼取了绿茶的清香与红茶的甜醇,不偏不倚,一切都是刚好而已。

福建、广东、台湾,是中国乌龙茶产地"金三角"。福建是乌龙茶的发源地,福建乌龙茶有闽北乌龙和闽南乌龙之分,前者以武夷岩茶(大红袍)为代表,后者以安溪铁观音为代表。

品乌龙茶,妙在寻"韵"赏"韵",要细细品尝、细细回味。

武夷岩茶之"岩韵",安溪铁观音之"音韵",凤凰水仙之"山韵",岭头单丛之"蜜韵",阿里山珠露的"高山韵",都蕴藏在这一枚枚"三分红、七分绿"的叶片中,耐人寻味。

就拿武夷岩茶来说吧,"岩韵"正是发烧友们最痴迷的。

何为"岩韵"?

乾隆说:"就中武夷品最佳,气味清和兼骨鲠","清香至味本天然,咀嚼回甘趣逾永"。(《冬夜煎茶》)

汪士慎说:"初尝香味烈,再啜有余清。烦热胸中遣,凉芳舌上生。"(《武夷三味》)

袁枚起初不怎么待见武夷茶,后来也被它成功"圈粉":"余向不喜武夷茶……上口不忍遽咽，先嗅其香，再试其味，徐徐咀嚼而体贴之。果然清芬扑鼻，舌有余甘，一杯之后，再试一二杯，令人释躁平矜，怡情悦性。始觉龙井虽清而味薄矣；阳羡虽佳而韵逊矣……且可以瀹（yuè）至三次，而其味犹未尽。"（《随园食单·茶酒单》）他还写了一首诗赞颂武夷岩茶："杯中已竭香未消，舌上徐停甘果至。"（《试茶》）

梁章钜将"岩韵"归纳为"香、清、甘、活"（《归田琐记·品茶》），此四字至今仍是"岩韵"的经典概括。

近代茶学家眼中的"岩韵"，是"臻山川精英秀气所钟，品具岩骨花香之胜"（林馥泉《武夷茶叶之生产制造及运销》）。

韵，乃"味外味"，一言难尽！

图 12 "绿叶红镶边"
是乌龙茶的"伤痕美学"

13. 白茶有多美?

图 13-1　白毫银针

图 13-2　白牡丹

白之色，纯净、简单，白茶也是。

白茶的制作工艺是六大茶类中最简单的，不炒不揉，最大限度地保持芽叶的自然形态。

尽管在唐宋就有"白茶"的记载，但此"白茶"非彼白茶，它的原料是一种叶片白化的茶树，其制作方法与绿茶相同，大致类似于今天的安吉白茶。

现代意义上的白茶，最早可能出现在明朝："芽茶以火作者为次，生晒者为上，亦更近自然，且断烟火气耳。况作人手器不洁，火候失宜，皆能损其香色也。生晒茶瀹之瓯中，则旗枪舒展，清翠鲜明，尤为可爱。"（田艺蘅《煮泉小品》）闻龙也说："田子以生晒不炒不揉者为佳，亦未之试耳。"（《茶笺》）"生晒"，相当于现代白茶加工中的日光萎凋。

白茶，是中国独有的茶类，依采摘标准不同，分为白毫银针、白牡丹、贡眉和寿眉。

白毫银针、白牡丹，形美，味也甘醇。贡眉和寿眉，重在品味。

白毫银针的外形很"阳春白雪"，芽头肥壮，挺直如针，白毫满披，色白如银。用玻璃杯冲泡，挺立的茶芽会翩翩起舞，上下浮沉。

白牡丹，茶如其名，芽叶连枝，叶缘向后微卷，因形似花朵而得名。灰绿的叶片夹着肥壮的银芽，冲泡后，宛如蓓蕾初开的花。

贡眉是以菜茶（有性繁殖的茶树群体品种）一芽二叶或三叶制成，寿眉是制作银针"抽针"时剥下的单片叶制成。这两种茶滋味清甜醇爽，储存3～5年后品饮，滋味更佳。

20世纪60年代末，为满足中国香港地区消费者需求，新工艺白茶在福建问世。它"新"就新在茶叶萎凋后以轻揉捻增味，浓醇青甘。

受普洱茶的启发，白茶也走紧压茶"路线"，并成功地将老白茶（避光、清洁、干燥、无异味条件下储存3年以上）推向市场，其品饮、保健、收藏与投资价值正受到越来越多人的认可。

图 13-3 白茶日光萎凋
翠嫩欲滴，与日光共舞

14. 黄茶有多美?

黄茶,恐怕是六大茶类中"存在感"最低的茶类。它的风味同绿茶很接近,制作工序只比绿茶多了一道"闷黄"。

但,这并不意味着它不美。

黄茶,依青叶嫩度和大小,分为黄芽茶、黄小茶和黄大茶。

四川蒙顶黄芽、湖南君山银针、浙江平阳黄汤是黄茶的"茗星"。

产自四川雅安的蒙顶黄芽,其前身是"蒙山茶",成名很早。白居易有诗云:"琴里知闻唯渌水,茶中故旧是蒙山。"(《琴茶》)他把蒙山茶当作旧友,这"交情"可不一般。还有,爱茶人们都熟知的一对绝配:"扬子江心水,蒙山顶上茶。"江心水和蒙顶茶,是文人心目中水和茶的"天花板"。

蒙顶茶的"底气"究竟在哪?清朝刘献庭这样解释:"蒙山在蜀雅州,其中峰顶,尤极险秽,蛇虺虎狼所居,得采其茶,可蠲百疾。"(《广阳杂记》)

黄茶"存在感"低的一大原因,或许是有些黄茶品种会同其他茶类的名茶"撞名"。

比如,君山银针跟白茶的白毫银针,北港毛尖、沩山毛尖跟绿茶的信阳毛尖、都匀毛尖。从名字上看,它们很容易让人误以为是"同族"，只是产地不同而已。并且，后者的名气往往盖过前者。

黄茶的最大特点，就是"黄汤黄叶"。

黄芽茶，美在外形色泽。蒙顶黄芽，其形扁直，色泽微黄，芽毫显露。君山银针，芽头肥壮，紧实挺直，周身金黄，满披银毫，文人美其名曰"金镶玉"。冲泡时，"三起三落"，姿态甚美。

黄大茶，粗枝大叶，不修边幅，具有粗犷朴素的美。如霍山黄大茶，当地人称："古铜色，高火香，叶大能包盐，梗长能撑船。"

图 14　黄茶的黄汤黄叶

图 15-1　普洱熟茶的干茶与茶汤

15. 黑茶有多美?

　　黑茶,是微生物与人共同创造的杰作,属后发酵茶。它是世界上除绿茶、红茶外,产销量最大的茶类,也是最具中国特色的茶类之一。产区主要集中在云、湘、鄂、川、陕、桂等地,普洱茶、茯砖茶、千两茶、花砖茶、青砖茶、六堡茶、天尖茶等茶是主要种类。

　　史上黑茶主销边疆,为方便长途运输,黑茶不得不"凹"造型。但不同于绿茶的自然舒展,黑茶通常被紧压成各种固定的形状,砖、饼、沱、柱⋯⋯还有南瓜形(金瓜贡茶)、心形(下关"宝焰"紧茶)等,紧实而厚重。

　　品黑茶,重在赏味。它不求新鲜,但求"老陈",陈香、陈醇、陈韵,是"岁月的滋味"。也正因如此,它的收藏、投资价值广为市场认可与推崇。

　　普洱茶是黑茶家族中最具传奇色彩的茶。严格说来,普洱茶分生茶和熟茶。

　　生茶,是以云南大叶种为原料制成的晒青毛茶,属绿茶。通常还要蒸压成形,以饼形为主。熟茶,则以晒青毛茶为原料,经后发酵形成,或为散茶,或为紧压茶,属黑茶。

生茶与熟茶，虽属不同茶类，但它们之间只差一个发酵的工艺。

生茶，经长时间存放，香气、滋味会被时间塑造，慢慢"成熟"。这是一个缓慢的发酵过程，也是最令普洱茶发烧友们痴迷之处。发酵这一过程也可以通过技术手段加速，渥堆工艺就是"加速器"。这是微生物、温度、湿度与茶合奏的"交响乐"。

"山头茶"的风行，让普洱茶产区多个山头、山寨的古树茶"火出圈"。如老班章、易武、冰岛、昔归、薄荷塘等名山名寨，自带"流量"，吸引了许多茶友、茶商前来"打卡"，而这些茶的价格，每年茶季都毫无悬念地成为"超级话题"。

另外，普洱茶还有"中期茶""印级茶""号级茶""干仓""湿仓"等概念，十分庞杂，有一定"段位"的茶客才能分得清。

图 15-2　晾晒的普洱生茶饼

16. 花茶有多美?

"好一朵美丽的茉莉花,芬芳美丽满枝丫,又香又白人人夸……"每当这一熟悉的歌谣响起时,茉莉的芬芳就会在脑海里浮现。

茉莉,这种来自外域的香花,传入中国后,就与茶结下了不解之缘。

花茶,不属于六大茶类,而是再加工茶。

花茶,是中国人一项浪漫的发明,让花香也可以被品尝,有滋有味。其历史至少可追溯到宋朝,蔡襄《茶录》中所说的"杂珍果香草"便是其雏形。到了南宋,花茶从制法到工具都已基本完备,明清时,更是臻于完熟。

茶引花香,花益茶味,相得益彰。窨(xūn)制,古时称为"熏香茶法",是塑造花香茶味的核心工序,是将花与茶拼和,花吐香,茶吸香,一吐一吸,配合默契。

窨制所用茶坯以烘青绿茶为主,亦有炒青(注:此处"炒青"并非制茶工艺,而是通过炒干方式干燥的绿茶)及红茶、乌龙茶、白茶等其他茶类。香花则有茉莉花、珠兰花、桂花、玫瑰花、栀子花、柚子花、玳玳花等。

茉莉与烘青是最经典的花茶搭配,闽、桂、苏、浙、川、滇等地是茉莉花茶主产区,华北、东北地区是主销区,"福州茉莉花与茶文化系统"是全球重要农业文化遗产。在茉莉花茶的原产地——福建,还有茉莉红茶、茉莉银针、茉莉水仙等"创意组合"。

图 16　洁白的茉莉，其鲜灵的花香是窨制花茶的佳选

传统的茉莉花茶，只闻花香却不见花，花魂入骨，鲜灵隽永。花与茶的聚散离合，成全了杯盏间的暗香流动。

茉莉花茶也有保留花瓣的做法，如产于四川峨眉山的"碧潭飘雪"。用盖碗冲泡，茶汤青绿，点点花瓣洁白如雪，漂浮于汤面，富有诗情画意。

绿茶的姿态各异，也为茉莉花茶增添了几许风情，茉莉龙珠、茉莉银环、茉莉麦穗、茉莉香螺……又香又美！

茶器之美

17. 茶器都有哪些种类?

茶器,又名茶具,因茶而生,是从生活日常用具中分化演变出的饮茶器具。

"然季疵以前称茗饮者,必浑以烹之,与夫瀹蔬而啜者无异也。"(唐·皮日休《茶中杂咏·序》)茶,最初作药用、食用,简单、直接、粗犷,并无固定盛具。

汉朝王褒《僮约》中有"烹茶(茶)尽具",只能说明当时已有茶"具",其类型、器型、

图 17-1 汉·陶釜
湖州市博物馆藏

材质、专用与否，都不得而知。

可以说，茶器的独立，经历了一段漫长的，与食器、酒器混用的"洪荒时期"。更何况，"寒夜客来茶当酒"，对于茶与酒这对"两生花"，中国人从来就没有厚此薄彼过。至少在唐以前，酒器、茶器，常常是不被严格区分的。中唐时，陆羽《茶经》的问世，终结了它们的"混用"时代。

从无到有，从粗到精，从混用到专用，从单一到多元，茶器"进化史"，泱泱千年。

按年代，可分为汉魏、隋唐、宋元、明清和现代茶器等。

按功能，可分为饮具、煮具、水具、洁具、收纳具等。饮茶方式不同，器具功能也有差异。譬如，唐宋流行团饼茶，就有茶碾、茶罗（筛茶粉）等器。现代，茶多用泡袋包装，就会用到剪刀。

按材质，可分为陶瓷、竹、木、金属、玻璃、石、漆、纸、塑料等。

茶生活中，除品茶外，还有焚香、插花等雅事，因而香具、花器、陈设器等亦属于广义茶器。

图 17-2 东汉·金乡朱鲔石室画像
画面中，盘案上带托盘的耳杯历历可辨，它是茶盏托的原始形态之一

18. 茶与陶瓷有哪些交集?

图 18-1　东晋·越窑青瓷带托盏

图 18-2　清·仿成化款青花花蝶盖碗，河北博物馆藏

茶叶、丝绸和陶瓷，是举世公认、影响世界深远的三大"中国制造"。

"中国"的英文"China"，另一个含义就是"瓷器"。从某种意义上说，世界认识中国，是从瓷开始的。

陶瓷是陶器与瓷器的总称。陶器，是用黏土塑形后烧制而成的器具。瓷器是以瓷石、高岭土、石英石等为原料，经塑形干燥后，一般以1280℃～1400℃高温烧制而成，多有上釉，釉色多变，纹饰斑斓。

自茶第一次进入中国人的生活起，它就与陶瓷发生了密切交集。

早在新石器时代，陶器就已出现。在茶器尚未独立的时代，人们多用陶制食器、酒器来饮茶。晋朝杜育首次记载了陶茶器，且产地明确："器择陶简，出自东隅（瓯）。"（《荈赋》）到陆羽生活的时代，专用茶器已基本成型。《茶经》中记载的"熟盂"，即为陶制。史上最负盛名的陶茶器，当属江苏宜兴出产的紫砂陶，始于宋，盛于明清，至今仍是爱茶人爱不释手的泡茶"神器"。

瓷茶器，历代窑口、器型、釉色之多，蔚为壮观。

瓷是陶的"升级版"，成熟于东汉。窑火冉冉，历千余年之久。时代不同，气质与风格也不尽相同。汉魏六朝质朴古拙，隋唐雄浑大气，两宋简约素雅，明清华丽繁缛。

茶器之审美还与每个时代饮茶的趣尚密切相关。

唐朝，以"煎茶"为主流，茶色尚"青"，因而陆羽首推浙江越窑青瓷碗。宋朝，以"点茶"为主流，茶色贵"白"，以福建建窑瓷为代表的黑釉盏更能映衬出茶色，且保温效果好。

到明朝，团饼茶"落幕"，散茶渐渐走到"台前"，茶色注重"清白可爱"，茶盏也尚"白"，以景德镇窑为代表的官窑瓷和以德化窑为代表的民窑瓷，渐成茶器主流。为顺应泡茶、饮茶的主流，除瓷质茶壶、茶杯外，还有盖碗，器型、釉色、纹饰皆精致美观。尤其是盖碗，在清朝很盛行。直到今天，它依然是茶桌上的亮眼角色。

现代陶瓷茶器，更是令人眼花缭乱。各名窑都有烧制茶器，品种、器型繁多，且注重设计，突显个性和创意，追求审美与实用的统一。

图 18-3　现代陶瓷茶器

19. 古代的金属茶器是什么样的?

图 19-1 清·火珠钮盖龙柄高莲足錾刻铜茶壶,内蒙古自治区博物馆藏

陶瓷茶器轻巧雅致,但易损易碎是其硬伤。金属茶器则足够坚硬,且延展性好,可浇铸、锤揲,并以鎏金、錾刻、掐丝、浮雕、镶嵌等多种技法装饰。材质主要有铜、铁、金、银、锡等。

中国使用金属器的历史,几乎与中华文明一样悠久。商周青铜器多用作食器、酒器、礼器等。从战国后期开始,铁器多用于农具、杂器及兵器等。随着采矿、冶金技术的日益进步,唐时,铜铁器已在各生活场景中广泛使用,茶器便是其中之一。

《茶经·四之器》中,风炉、火筴、夹、则等铜铁材质均有,炭树(zhuā)、鍑(本义为大口铁锅,乃烹煮用具,陆羽将其"收编"为煮茶器)为铁制。陆羽还特别指出,漉水囊的"格",即骨架,要用生铜铸造,既可长期使用,又不易积水垢、产生腥涩味。清朝以来,流行铜壶,现代京剧《沙家浜》中开茶馆的阿庆嫂,就有"铜壶煮三江"的唱词,说的是茶馆欢迎五湖三江的来客。今天,从成都茶馆里"茶博士"表演的长嘴壶绝活中,依然可见铜壶的魅力。至于铁茶器,多是炉、夹、灰承等工具,亦有煮水器。比如鍑,自唐东传日本,很快在民间普及。近些年来,日本铁壶受到不少爱茶人的追捧,成

图 19-2 民国·道口兴盛款錾花单提梁方锡壶,河南博物馆藏

了茶席间的一道亮丽风景。

　　金银茶器在古代是皇家、贵族使用的奢侈品，如陕西扶风法门寺地宫出土的金银茶器，就贵气十足。陆羽认为，银制茶鍑，雅而洁。宋人对金银茶器很推崇，茶匙、汤瓶，以黄金为上，茶椎、茶铃，金、铁皆可。由于金太柔，铜会生锈，茶碾最宜银、铁材质。现代，金银壶、杯成时尚，还有鎏金鎏银、金釦银釦瓷茶器等，很是吸睛。釦，即用金属加固或装饰器物的口沿，多见瓷器。金、银、铜釦，为素雅的瓷器平添几分端庄华贵的韵致。

　　锡制茶器多见于茶罐，罐身刻有茶名、茶号、图案、诗文等。也有锡制茶铫、茶壶、茶托、建水、茶盘等，还有与漆、玉、紫砂"混搭"的锡茶器。

　　景泰蓝茶器也是金属茶器的"颜值担当"，极富贵族气质，主要有盖碗、茶托等器。

　　金属茶器除了上述几种外，还有搪瓷、不锈钢等材质，如茶缸、茶盘，看似毫不起眼，却是充满烟火气的生活日常。

图 19-3　铜壶

图 19-4　现代银制茶器

20. 竹、木茶器为何让人感到亲切?

竹、木与茶一样，都是植物，制成茶器，天然质朴。

竹、木，取材容易，做工简易，轻便实用，是老百姓的日用之器。

中国人对竹子感到特别亲切，从衣食住行到精神品格，皆有竹子的清香。竹为茶所用，由来已久。

《茶经》中，很大一部分茶器系竹材，如筥、夹、罗合、则、漉水囊、揭、畚、都篮等，竹夹、札、具列则可竹可木。另外，如籯（yíng）、芘莉、扑、贯、穿等制茶工具亦为竹制。今天，采茶篓、萎凋帘、晾青筛、揉茶匾、焙笼等传统制茶用具，也不外乎竹制。

宋朝，除茶焙、茶笼外，还有点茶必备"神器"——筅。它用来搅拌击打茶汤，令其发泡，

图 20-1　明·沈贞《竹炉山房图》（纸本）辽宁省博物馆藏

涌起洁白如雪的沫饽。沫饽咬盏越久，说明点茶技艺越高超，茶品质也越好。茶筅传到日本，也成为重要的茶道用具。

"寒夜客来茶当酒，竹炉汤沸火初红。"（宋·杜耒《寒夜》）在宋朝文人圈中就颇流行的竹茶炉，到明清时更是文人雅士茶生活的"当家"茶器。明朝钱椿年《茶谱》提到的"苦节君"和"苦节君行者"，就是竹茶炉和装炉的便携竹箱。竹茶炉之受欢迎程度，还可以从惠山"竹炉文会"等活动及《竹炉山房图》《竹炉图卷》《竹炉图咏》等诗文画作中窥见。

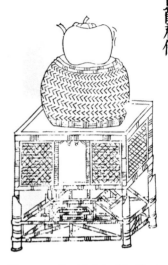

图 20-2 明·顾元庆《茶谱》中的竹炉，顾氏将其拟人化地称为"苦节君"

图 20-3 清·花鸟纹储茶竹提篮湖南省博物馆藏

　　清乾隆皇帝是竹茶炉的"超级粉丝"。下江南时，他曾到无锡惠山听松庵竹炉山房烹茶，从此深深爱上了竹茶炉，便下旨仿制，还仿造了以"竹炉山房""竹炉茶舍"为名的茶室。

　　四川还有竹丝扣瓷茶器，以瓷器为内胎，器身以竹丝编织，就像给茶器"穿"上了一层竹衣，清新素雅，又防烫。

　　木制茶器不多，有交床、碾、水方、瓢、涤方等，亦有贮茶用的木盒。

　　较之金属、陶瓷，竹、木易朽烂，传世的竹、木茶器并不多。但竹、木茶器在现代生活中流转不息，如"茶道六君子"（茶则、茶针、茶漏、茶夹、茶匙、茶筒）、茶盘等器，以及茶桌椅、茶柜等家具。在少数民族地区，也仍保留使用竹茶器的习惯，如哈尼族、傣族的竹茶筒，藏族的木碗等。曾有段时间，红木家具十分盛行，茶盘、茶家具等也以红木制作，价格不菲。近年来，宋式美学的兴起，茶生活逐渐回归朴素，竹茶器、竹家具成新时尚。

21. 玻璃茶器只有现代才有吗？

玻璃茶器在现代生活中司空见惯。玻璃制成的烧水壶、茶壶、茶杯、公道杯、水盂、茶则等，都是很常见的玻璃茶器。

其实，玻璃茶器并非现代才有，而是一种古老的器具。只不过在陶瓷占据要位的古代，玻璃器是"少数派"，以瓶、罂、盘、珠等艺术品多见。因制作技术有限，且成本高昂，玻璃茶器就更是屈指可数了。

陕西扶风法门寺地宫出土的唐朝玻璃茶盏、盏托，河北静志寺塔基出土的隋朝玻璃直筒杯、宋朝花口玻璃杯，可见寺院饮茶之盛。

内蒙古奈曼旗陈国公主、驸马合葬墓出土的带把玻璃盏，内蒙古吐尔基辽墓出土的蓝色高足杯，甘肃漳县徐家坪汪氏墓群出土的元朝莲花形玻璃盏、盏托，或为舶来品，或为"国产"，异域风情浓郁，折射出了中西文化的交融。

每一件玻璃茶器都是一个细赏茶叶风姿的"无死角视窗"，舞动的芽叶、诱人的汤色，很养眼。

美，却易碎，是玻璃茶器的"两难全"。现代钢化玻璃的问世与应用，使玻璃茶器的性能升级换代。即使不小心打翻在地，也不用担心它四处"开花"！

图 21-1 唐·琉璃茶盏、茶托
法门寺博物馆藏

图 21-2 现代玻璃茶器

22. 茶器与漆艺的结合从何时开始？

图22-1 "君幸酒"款漆耳杯，林友新仿长沙马王堆汉墓作

图22-2 马王堆出土竹简，有"槚笥"字样，湖南省博物馆藏

中国人使用漆器的历史最早可上溯到8000多年前，浙江余姚井头山遗址发现的带销钉残木器和带黑色表皮的扁圆体木棍，是迄今为止已知的中国发现最早的漆器。

长沙马王堆一号汉墓曾出土90件形状相同的漆耳杯。这是一种盛行于战国乃至汉魏晋六朝的椭圆形饮器，两侧各有一只弧形的耳，因形似雀、耳似翼故又名"羽觞"。和漆耳杯一同出土的还有一箦疑似古茶的颗粒物及"槚笥"字样的竹简文。经鉴定，"槚"为"檟"的异体字，《尔雅》将其释为苦茶。据推断，在汉朝，饮茶方式为混煮羹饮，这一时期茶器尚未与酒器、食器"分家"，漆耳杯极有可能也用来饮茶。

茶与漆器无法"牵手"的境遇，终在宋朝发生了根本性改变。宋朝漆器制作臻于完熟，雕漆、堆漆、戗金、螺钿、描金等工艺流光溢彩。其中，剔红、剔犀等雕漆是经典代表。"漆雕秘阁"是南宋审安老人"封"给雕漆茶托的雅号。茶托，系茶盏的附件。点茶时，茶托起到承托固定、易于端持、防溢防烫的作用，并使喝茶变得优雅。

除雕漆外，宋朝亦有素髹（即单色髹漆）茶托。如同简洁洗练的宋瓷，其光素无纹、质朴典雅。从宋徽宗赵佶名画《文会图》、辽墓壁画《将进茶图》中，可一睹素鬃茶托之芳容。黑与红，是大漆的基础色，与素瓷搭配，更能映衬出茶汤的朴素宁静。

明清时期，漆艺发展登峰造极。色漆、罩漆、描漆、描金、堆漆、填漆、螺钿、犀皮、剔红、剔犀、款彩、戗金、百宝嵌等技艺百花齐放。漆茶器品种，除茶托外，还有盘、盒、壶、杯、罐等器。乾隆年间福州漆艺匠人沈绍安受汉朝"夹纻"的启发，创制了脱胎漆器，其造型生动，色彩明丽柔和，坚固又不失轻巧。福建饮茶之风炽盛，茶器是脱胎漆器的主要品种。时至今日，茶器仍是漆艺家们热衷创作的方向。

兼容并蓄也是明清漆器的一大特点，这主要体现在将陶瓷、竹刻、金银器等艺术融入漆艺，道光年间扬州漆艺匠人卢葵生就曾将竹刻技法娴熟地运用到漆面。

图 22-3 清·黑漆花卉人物纹茶叶盒，广州十三行博物馆藏

图 22-4 清·红妆金漆茶盘 湖州市博物馆藏

23. 石茶器能散发怎样的魅力？

图 23-1 宋·石茶碾，中国茶叶博物馆藏

图 23-2 "国画石"干泡台

或用于获取食物，或用于防卫，石器的使用，拉开了人类文明的序幕。

石，是大自然的神奇杰作。它坚实沉重，历经造物主千百万年洗礼，形成千变万化的纹理和色泽，又借能工巧匠之手，雕琢成器。

"石凝结天地秀气而赋形者也，琢以为器，秀犹在焉。"（宋·陶谷《清异录》）石器清灵可爱，与清新淡雅的茶，气质十分相契。

历代石制茶器有鼎、磨、碾、镀、炉、盏、托等。明朝朱权认为，金属易锈，以青礴石制茶碾为佳。西安唐朝西明寺遗址就曾出土一件刻有寺名的石茶碾，其造型简单，呈宽长方形，连阶形槽座。河北晋县唐墓还出土过汉白玉石茶碾，碾身、碾盖、碾轮皆刻有精美花纹。

另有玉石茶器，多为皇家贵族的私人定制，北京故宫里就有多件玉石茶器。

比如，碧玉龙耳带托杯。双龙为杯耳，杯身浅雕云纹。杯托上满刻高浮雕游龙，极尽繁复，富丽堂皇。

又如，金盏托白玉杯。杯为圆形直口，通体光素，玉质莹润洁白。杯口配金盖，盖面錾刻篆书"金扬润玉涵光"，边缘刻回纹一周，盖钮为半球形绿玉。杯底配荷花形金盏托，珠光宝气，雍容华贵。

现代石质茶器以茶盘居多，亦有壶、杯。材质主要有青石、乌金石、墨玉、九龙壁玉石、紫袍玉带石、冰碛石等。近几年，"国画石"悄然流行。该石原岩形成于距今4亿多年前的奥陶纪，因其纹理具鲜明的国画笔墨意趣而得名，亦有油画、版画等风格。

中国工艺美术大师陈明志以寿山石、巴林石、昌化石等名石雕刻茶壶，形制不一，巧夺天工。这些壶不仅是可供欣赏的艺术品，还是可以使用、出水流畅利落的茶器。

石，不仅可制器，亦可作席间案头清供。太湖石、灵璧石、昆石等观赏石，皆可为茶席茶桌增添几许趣味与风雅。

图 23-3　寿山石茶壶，陈明志雕刻（拾象供图）

24. "茶圣"陆羽喝茶会用到什么茶器?

图 24-1 六朝·铜焦斗,浙江德清县博物馆藏
(焦斗原为古代军中炊具,后被改造演变成茶鍑)

人们刚开始饮茶之时,没有专用的饮茶器具,顶多有些贮茶用的罍、盒等器。饭碗、汤碗、酒盏、酒杯等食具、酒具,都可用来饮茶,就连茶的名称也没有统一。中唐的陆羽是这一"混沌"局面的终结者,也是中华茶文化首次高峰的引领者。

他对历代常用来煮饮茶的器具进行了系统的梳理和总结,并根据当时茶品特点和饮茶方式,设计了一套专用茶器,共 28 种(含配件),按功能分为 8 类,如下表:

表1　28种茶器功能表

序号	功能	名称	序号	功能	名称
1	生火	风炉、灰承、筥、炭树、火筴	5	盐具	鹾簋、揭
2	煮茶	鍑、交床、竹夹	6	饮茶	碗
3	备茶	夹、纸囊、碾、拂末、罗合、则	7	清洁	札、涤方、滓方、巾
4	水具	水方、熟盂、漉水囊、瓢	8	收纳	畚、具列、都篮

他对茶碗着墨颇多,且独爱越瓷。越瓷,主产于越州(今浙江宁波、绍兴一带)境内。他认为,越瓷胜过邢瓷有三大原因:邢瓷类银,越瓷类玉;邢瓷类雪,

越瓷类冰；邢瓷白而茶色丹，越瓷青而茶色绿。他以瓷色是否有利于茶色作为衡量标准："越州瓷、岳瓷皆青，青则益茶，茶作白红之色。邢州瓷白，茶色红；寿州瓷黄，茶色紫；洪州瓷褐，茶色黑：悉不宜茶。"

但，这无法抹杀邢瓷在唐朝茶器中的地位。它主产于今河北邢台内丘、临城县境内，创烧于北朝，隋朝时成功烧制出白瓷，与一度占统治地位的南方青瓷平分秋色，形成"南青北白"两大体系。

"邢客与越人，皆能造兹器。圆似月魂堕，轻如云魄起。"（唐·皮日休《茶中杂咏·茶瓯》）越瓷，宛若江南醉人春色，青翠欲滴；邢瓷，仿佛北国皑皑白雪，素雅宁静。

另外，长沙窑、唐三彩茶器也颇具代表性，如长沙窑绿釉盏、青釉褐彩执壶等。

陕西扶风法门寺地宫出土的茶器则展现了唐朝茶器的"豪华阵容"。这套茶器共20余件，以金银器为主，虽历经千年之久，依然金光熠熠，还有秘色瓷、琉璃等美器。尤其是秘色瓷茶碗，青绿莹润，"夺得千峰翠色来"。

只此青绿，是大唐最流行的茶色。

图 24-2　唐·鎏金飞天仙鹤纹壶门座银茶罗子、银筷（复制品）

图 24-3　唐·青瓷五盅盘

图 24-4　唐·鎏金鸿雁纹银茶槽子、鎏金团花银碢轴，陕西法门寺博物馆藏

图 25-1　宋·青瓷茶注瓶

25. 宋元时期，人们用什么茶器喝茶？

宋朝，饮茶配置的茶器要比唐朝简单得多，不论是数量，还是造型。

蔡襄《茶录》所列的茶具，仅9种。南宋审安老人《茶具图赞》将宋朝流行的12种茶具，依材质和功能，分别以十二先生来命名，每位皆有名、字、号，并

图 25-2　宋·铁茶碾，中国茶叶博物馆藏

表2　12种茶具图名表

茶具	先生	名	字	号	图
茶炉	韦鸿胪	文鼎	景阳	四窗闲叟	
茶臼	木待制	利济	忘机	隔竹居人	
茶碾	金法曹	研古 轹古	元锴 仲铿	雍之旧民 和琴先生	
茶磨	石转运	凿齿	遄行	香屋隐君	
瓢杓	胡员外	惟一	宗许	贮月仙翁	
罗合	罗枢密	若药	传师	思隐寮长	

茶具	先生	名	字	号	图
茶帚	宗从事	子弗	不遗	扫云溪友	
盏托	漆雕秘阁	承之	易持	古台老人	
茶盏	陶宝文	去越	自厚	兔园上客	
汤瓶	汤提点	发新	一鸣	温谷遗老	
茶筅	竺副帅	善调	希点	雪涛公子	
茶巾	司职方	成式	如素	洁斋居士	

附图。生动形象，又不失贴切，看似游戏笔墨，实则寄予了审安老人“经世康国”的人生理想。

宋，是继唐后中国茶文化发展的第二个高峰时期，也是中国陶瓷史的黄金时代。

宋瓷有“五大名窑”和“八大民窑”。五大名窑分别为官窑、哥窑、汝窑、定窑、钧窑。八大民窑，北方有磁州窑、耀州窑、钧窑和定窑，南方有饶州窑（景德镇窑）、龙泉窑、建窑和吉州窑。

宋瓷之美，美在至简至淡，以青瓷、白瓷、黑瓷等单色釉著称于世。“茶色白，宜黑盏，建安所造者，绀黑，纹如兔毫，其杯微厚，熁（xié）之久热耐冷，最为要用。”（宋·蔡襄《茶录》）以建窑建盏为代表的黑瓷，几乎就是为点茶而生，在宋朝茶事中占尽了风光。

图 25-3　宋·遇林亭窑花瓣凤尾黑釉瓷盏，福建武夷山市博物馆藏

图 25-4　宋·曜变天目盏

流纹清晰的兔毫斑，灿若繁星的油滴斑，瑰丽奇幻的曜变斑……一只建盏，就蕴藏着一片星辰大海！日本"国宝级"藏品"曜变天目盏"便是建盏中的极品。

茶筅也是宋朝点茶"标配"之一，在日本抹茶道中更是重要角色。根据其竹穗本数不同，分为"平穗（16本）""荒穗（36本）"等，最多可达"百二十本立（120本）"。

元朝，青花瓷渐臻成熟，存世茶器仅有出自景德镇窑的几件茶碗、茶盏、盏托。到明朝，青花瓷茶器大放异彩。

26. 明清文人用哪些茶器?

　　1391年秋，明太祖朱元璋的一道御旨，彻底终结了唐宋盛行的团饼茶之贡茶地位，以芽茶取而代之。

　　在朱元璋的强推下，有明一代，以炒青绿茶为代表的散叶茶在各茶叶主产区纷纷崛起，知名者如虎丘茶、龙井茶、武夷茶、六安茶等。

　　较之"杂以诸香，饰以金彩"的团茶，散茶是"遂其自然之性"，既保持了芽叶的完整，又具"真香真味"。与之相应的饮茶方式便是我们都很熟悉的泡茶。

　　虽然明初团饼茶及烹点饮法仍存在，但作为推动茶文化发展中坚力量的文人已着手对茶器进行革新。朱元璋第十七子——朱权就是"旗手"。他在《茶谱》中说："取烹茶之法，末茶之具，崇新改易，自成一家。"譬如茶架，他推崇斑竹、紫竹；品饮器，他摒弃了宋人热捧的建盏，而以"注茶则清白可爱"的饶瓷茶瓯为上。

　　较之两宋，除了煮水器外，明朝饮茶程序简省了许多，仅需茶壶茶瓯就能享受饮茶的乐趣。宜兴紫砂壶的兴起，正迎合了饮茶风尚的转变。周高起云："以本山土砂，能发真茶之色、香、味。"（《阳羡茗壶系》）文震亨也说："壶以砂者为上，盖既不夺香，又无熟汤气。"（《长物志》）

图 26-1　明·德化窑象牙白三螭龙壶，德化陶瓷博物馆藏

但讲究的文人配备的茶器阵容仍有增无减，钱椿年《茶谱》列举的茶器达 24 件。

明朝瓷茶器亦是缤纷绚烂。永乐的甜白、宣德的青花、成化的

表3　24种茶器雅号表

雅　号	茶具/功能
苦节君	湘竹风炉/生火
苦节君行者	便携式竹箱/装风炉
建城	竹笼/贮茶
云屯	瓷瓶/装水
乌府	炭篮/装炭
水曹	瓷缸瓦缸/贮水
器局	竹箱/收纳茶器
品司	圆提盒/收贮茶叶
商象	古石鼎/煎茶
归洁	竹筅/洁具
分盈	杓/量茶
递火	铜火斗/搬炭火
降红	铜火箸/簇火
执权	准茶秤/称重
团风	湘竹扇/煽火
漉尘	洗茶篮/洗茶
静沸	竹架/支茶鍑
注春	瓷壶/注茶
运锋	劘果刀/切割
甘钝	木砧墩/墩垫
啜香	建盏/品茶
撩云	竹茶匙/取茶
纳敬	竹茶橐/放盏
受污	抹布/洁具

斗彩，构成了明朝瓷器的艺术高峰，器型、釉色、纹饰均为典范。单色釉，除白釉外，还有永、宣的霁红、霁青（蓝）釉，成化的孔雀绿釉，弘治的娇黄釉，皆鲜艳明亮。嘉靖、万历的五彩，更是浓艳热烈。

　　清朝瓷茶器，更是集历代之大成。康熙时，引入西洋技术，制成珐琅彩瓷器。雍正时，为不断扩大外销市场，广州出现了色彩浓艳、构图丰满的广彩瓷（釉上织金彩瓷）。在工夫茶盛行的闽粤地区，一套茶器有十余件，后简化为"四宝"，即红泥炉、玉书煨、孟臣罐、若深瓯。今天，以盖碗、公道杯、茶杯为主的工夫茶茶器及茶艺，大众已是习以为常。

图 26-2　清·广彩花鸟人物纹执壶，广州十三行博物馆藏

27. 建窑黑釉盏何以成为点茶的"标配"？

盏中汤色，唐人尚绿，如冰似玉的越窑青瓷能加强茶汤的视觉效果。宋人则贵白，文人雅士们不惜搜尽诗肠，用"乳""冰""雪""银""云"等表示洁白素雅的字来形容沫饽颜色。另外，从"龙园胜雪""雪英""云叶""万春银叶"等富有诗意的北苑贡茶品名中，亦可见　斑。

以黑反衬，是表现白色最直接、也最具视觉冲击力的方式。"茶色白，宜黑盏。"产于福建建州（今闽北一带）的建窑黑釉茶盏，在宋朝同北苑贡茶一样负有盛名，几乎是点茶、斗茶的"标配"茶器。建盏，又称"黑建""乌泥建"，其釉色有绀黑、兔毫、油滴、曜变、杂色等，最受推崇的当属"绀黑"（赵佶称之为"青黑"）。这是一种乌金釉，乌黑莹润，能完美衬托出茶色之白。另外，绀黑带兔毫纹的盏乃点茶首选："玉毫条达者为上，取其焕发茶采色也。"黑釉茶盏，南北方皆有烧制，除建州外，还有江西吉州窑、河北定窑和磁州窑等。

建盏釉色绀黑如漆，内敛含蓄，令人在赏玩时会顿生一种深邃寂寥之感，而釉面上错落散布的结晶斑点，似闪烁在幽

图 27-1　建盏
釉色绀黑如漆、内敛含蓄

图 27-2　宋·曜变天目盏
稻叶天目，日本静嘉堂文库美术馆藏

邃渺远太空中的繁星。它给人带来的审美体验，与日本传统美学中的"幽玄""侘寂"之美隐隐相合，有4件传世宋朝建盏（3件曜变盏，1件油滴盏）被日本奉为"国宝"。建盏与日本茶道，产生了美的共鸣，我们至今还能从日本茶道中看到宋朝美学精神的遗存。

图 27-3　宋·曜变天目
日本藤田美术馆藏

若说唐朝茶碗是大家闺秀，宋朝茶盏便是小家碧玉，就像宋朝的性格一样，内敛沉静、平淡温和。建盏有撇口、敞口、敛口、束口等盏型，后两种是宋人静敛气质的流露。用来点茶斗茶的标准器是束口盏，即口沿以下约1厘米处有向内约束成一圈的浅显"注水线"，正好是盏容量达4∶6时的临界线。这种严谨、巧妙且友好的功能设计，能在点茶时有效地控制茶汤的分量，且避免外溢。用茶筅击拂时，涌起的汤花会漫过注水线。汤花退，水痕见，高下立分。

建盏之美，看似平淡无奇，却蕴藏着无穷的力量。

图 27-4　盏中有星辰与大海
陈祥松作

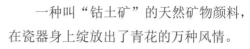

28. 青花瓷茶器有多美?

图 28-1　清·仿宣德款青花山水人物杯，沈阳故宫博物院藏

一种叫"钴土矿"的天然矿物颜料，在瓷器身上绽放出了青花的万种风情。

曾一度火遍华语乐坛的"中国风"歌曲《青花瓷》，唱出了青花瓷的温婉与浪漫，也让人情不自禁地去凝视它那蕴藏在色白花青里的素雅宁静。

青花瓷，最初出现于唐朝河南巩县（今巩义市）窑。它似乎"生不逢时"，"南青北白"是唐朝的陶瓷版图，而宋朝是单色釉的天下。直到元朝，它才迎来了自己的"高光时刻"。

元、明、清三朝的青花瓷亦有各时代的审美特质。元朝青花造型敦厚，装饰华丽；明朝，永乐、宣德的青花端庄大方，成化的清秀淡雅，嘉靖的"幽菁可爱"；清朝，康熙的青花雍容华贵，雍正的粉彩温润柔丽，乾隆的形奇纹繁。

青花之青，并非单调之青，而是有浓淡、粗细、深浅变化的青色，或如宝石，或如天空，或如大海，或如湖泊……色调变化无穷，具幽静深邃之美。以青花瓷茶器泡茶、品茶，青白交织、青白相映之间，从视觉到内心，无不安宁静好。

青白之间，亦有缤纷。釉里红、斗彩、五彩、粉彩、泼彩、喷彩、珐琅彩、色釉，绚丽多彩。一件青花瓷茶器，就是一幅佳

图 28-2　清康熙·景德镇窑青花开光花卉纹盖罐

作。以青花为墨，以白瓷为纸，书写描绘翰墨丹青。技法有写意、工笔、泼墨以及专属青花瓷的洗染与分水，题材有山水、人物、花鸟虫鱼、草木树石，也有几何纹样、吉祥纹样……啜茗读画，茶韵画意，悦口、悦目，亦悦心。另外，也有诗文题材，如诗词、禅语、经文等，通过书法艺术呈现、传达诗文的内涵与意境，同品茶之境贴合呼应。

青花瓷茶器，有盖碗、茶壶、茶杯、茶托等种类。

成化斗彩鸡缸杯是明朝青花瓷茶器的代表作。2014 年，香港苏富比拍卖会上，一位上海藏家以 2.8 亿元"天价"拍走一只鸡缸杯。虽原为酒器，这位藏家却用来喝茶，引发了一场热议。随后，仿制品大量涌现，并在市面上热卖，成为"爆款"茶器。

明永乐的青花压手杯，清康熙、雍正、乾隆的青花盖碗，也都是青花瓷茶器的佳品。

图 28-3　青花瓷茶器
在青白相映之间，从视觉到内心，无不安宁静好

29. 泡工夫茶要用到哪些茶器？

"工夫茶，闽中最盛。"福建人是出了名爱喝工夫茶的，只消一只盖碗、一只公道杯、几只茶杯，就能喝上一整天。许多爱茶人就连出门，都不忘带上旅行茶具。

工夫茶源于福建，盛行于中国台湾、闽南地区、广东潮汕乃至东南亚一带，并由此形成闽式、潮式和台式三大"流派"。"工夫茶"原指武夷茶，因制法讲究见工夫而得名。

明末僧人释超全《武夷茶歌》云："鼎中笼上炉火温，心闲手敏工夫细。"在清人著述中，"工夫茶"则清晰地指向优质的武夷岩茶。陆廷灿《续茶经》引《随见录》："岩茶，北山者为上，南山者次之。南北两山，又以所产之岩名为名，其最佳者，名曰工夫茶。"

武夷岩茶之所以为工夫茶，既因制作之法见工夫，也因泡饮之法有工夫。

"茗必武夷，壶必孟臣，杯必若深，三者为品茶之要。"（清·连横《雅堂文集》）因泡饮武夷岩茶而生的工夫茶泡饮法，最早源于福建漳州。清康熙五十三年（1714年）《漳州府志》云："近则移嗜武夷茶……必以大彬之罐，必以若深之杯，必以大壮之炉，扇必以琯溪之箑（shà），盛必以长竹之筐……"这是迄今关于工夫茶最早的文字记载。工夫茶最先流行于闽南地区，再一路南下，传至同漳州接壤的潮汕地区，而作为泡饮方式的"工夫茶"在清人的文字中也越来越频繁地出现。

工夫茶，有时也写作"功夫茶"。闽南功夫茶习俗非遗传承人程艳斐认为，二者并不矛盾，既要花工夫泡，泡饮手法也要下功夫。"工"与"功"，在闽南语中，读音都读作"gāng"。据闽南功夫茶研究会会长严利人考证，二字音同形似，系出同源。文献里最早出现的"工夫茶"，是指武夷岩茶制作技艺有工夫，亦

图 29　潮汕工夫茶茶器

是品质优异的岩茶品种名，后被红茶所用，因制作费工夫而被称为"工夫红茶"。闽南地区，"工夫茶"就渐渐被"功夫茶"所取代。潮汕地区则约定俗成，"工夫茶"之名，沿用至今。

　　工夫茶在潮汕风靡后，不断融入当地文化元素，演化成别具一格的本土文化，这充分体现在器具及泡饮程序上。据国家级"非遗"项目潮州工夫茶艺传承人叶汉钟归纳，传统潮州工夫茶具包括茶壶（孟臣罐）、壶承、茶垫（丝瓜络）、盖瓯、茶杯（若深瓯）、茶洗、茶盘、水瓶、水钵、龙缸、红泥火炉、砂铫（玉书煨）、羽扇、生火铜器套件（铜锤，大、小铜钳，铜铲，铜筷）、锡罐、素纸、茶巾、竹箸、茶橱、茶担等20种，烹法则更细致讲究了。红泥炉、玉书煨、孟臣罐、若深瓯为"四宝"。

　　现代工夫茶器具就相对简单许多，有盖碗，或茶壶、茶杯、茶炉，或电水壶、公道杯（茶海）、茶盘、茶则、茶针、茶罐、茶滤、茶巾等，台湾工夫茶还配有闻香杯。

30. 紫砂壶为何能让人爱不释手？

紫砂壶是爱茶人都熟悉的"老朋友"。

它创制于江苏宜兴丁蜀镇，因陶泥之色而得名。这种陶泥黏中带砂，柔中带刚，韧性、可塑性强，有紫、白、黄、红、绿等色，又称"五色土"。

紫泥烧制后呈紫红色或紫色，温润如玉，隐含微细砂粒，似星辰，又似雪花，有"紫玉金砂"之美称。它不施釉，若常年被茶水滋养或反复抚摩，会形成光润柔和的"包浆"。

紫砂壶是泡茶佳器。双重气孔结构，透气性好，泡茶不失真香原味，夏天过夜不馊。天寒时，注热水不爆裂。导热慢，提拿抓握不烫手。

造型式样有光货、花货和筋囊货三类。光货，壶身为几何体，或圆或方，表面光素，简约大方。花货，将动植物形象以浮雕或半浮雕的手法"搬"上紫砂壶，如束柴三友壶、南瓜壶、鱼化龙壶等，形象生动，妙趣横生。筋囊货，将瓜棱、菊瓣、云水纹等曲面形融入设计。纹理规则，表里如一，上下对应；壶身对称，线条流畅，具节奏韵律。

装饰手法也多样，有镶嵌（金、银、玉）、包锡、彩釉、泥绘、堆塑、陶刻等。

紫砂茶器始于宋，盛于明清。

图 30-1　紫砂壶之雅，备受文人雅士的垂青

"小石冷泉留早味，紫泥新品泛春华。"（宋·梅尧臣《依韵和杜相公谢蔡君谟寄茶》）宋人茶诗里，已有紫泥的倩影。但宋朝茶事中，黑釉瓷占尽风光，紫砂陶很小众。即使是明朝初期，茶著中也只字不提紫砂。直到明中叶，屠隆《茶说》才明确提及："若今时姑苏之锡注，时大彬之砂壶……莫不为之珍重。"许次纾更是盛赞："往时供春茶壶，近日时彬所制，大为时人宝惜。盖皆以粗砂制之，正取砂无土气耳。"（《茶疏》）

明朝的供春（又名龚春）是首个青史留名的制壶师。其身份存争议，较流行的说法是他系四川参政吴颐山的仆人。他虽地位卑微，却天赋异禀，制壶技术高超，"树瘿壶"便是其代表作之一。

制壶大家"星"光灿烂，除供春外，明清时期的时大彬、惠孟臣、陈鸣远、陈鸿寿、邵大亨、黄玉麟，近现代的顾景舟、蒋蓉、徐秀棠等皆是历史上著名的制壶匠人。

自明朝起，文人携手艺人，参与紫砂壶设计，诞生了"文人壶"，又以陈鸿寿（号曼生）最具代表性。他参与设计的18种经典款式，被世人称为"曼生十八式"。

图 30-2　清·"味轻醍醐"，瓜棱狮钮紫砂壶

图 30-3　清·宜兴刻花茶壶

31. 盖碗何以成为"国民茶器"?

盖碗是茶桌上的"标配"之一，由上到下，分别是盖、碗、托，象征着"天盖之，地载之，人育之"，故又称"三才杯"，体现了"天地人和"的中国传统智慧。

鲁迅先生对盖碗推崇备至："喝好茶，是要用盖碗的，于是用盖碗。果然，泡了之后，色清而味甘，微香而小苦，确是好茶叶。"（《喝茶》）

盖碗是泡茶佳器，也是乌龙茶审评的基本用具，还是地方的一种特色文化。北京喜欢用盖碗泡香片（茉莉花茶）；成都遍布大街小巷的茶馆，盖碗里泡的是茶，也是闲情；工夫茶盛行的闽、粤，盖碗如同饭碗，天天不离手；在甘肃，盖碗茶又叫"三炮台"，加入枣、桂圆、葡萄干、荔枝干、冰糖等佐料，与茶同泡，是当地居民喜爱的茶饮；宁夏泡"八宝茶"也用盖碗。

盖碗起初是单一茶碗，随着托、盖相继入列，最终"合体"。其使用方式，从自泡自饮的一人独享，演变为盖碗泡茶、公道杯分茶、茶杯品茶的多人共享，互动性更强。

盖碗最早可追溯至唐，由蜀相崔宁的女儿发明。同父亲喝茶时，这个贴心的"小棉袄"觉得茶杯很烫，便随手拿来一

图 31-1　现代珐琅彩盖碗

图 31-2 盖碗是泡茶佳器

只碟子作托。她又觉得茶杯在碟上不牢靠，就用蜡油在碟中央滴出一个环形。蜡油凝固后，杯足刚好能卡进环中。后来，她又以漆代替蜡油。这一功能设计延续至今，仍是茶托基本样式之一。茶托也有内凹式，承托面更大，也更稳固。

盖的加入，让盖碗功能更完善，既可保温、防尘、防溢，还可用来刮茶沫、碎茶。

盖碗在清朝大行其道。在以清朝民国时期为历史背景的影视剧中，常见有人端着盖碗喝茶或端茶喊"送客"的场景，足见当时使用盖碗之普遍。

盖碗的器型也很多样，高矮胖瘦不一，形制有撇口、马蹄、卧足、高足、折腰、折沿、仰钟、元宝、葵口、菊瓣等。材质以瓷为主，亦有陶、玻璃。瓷以青花、白瓷、青瓷居多，纹样、装饰多彩，霁红、霁青等单色釉也深得爱茶人垂青。陶质多见宜兴紫砂陶，玻璃盖碗适合泡外形优美的茶，如白毫银针。容量从100～300毫升不等，最常用的是100～150毫升。

选盖碗就像买衣服，不能单看外表，好用更重要。否则，就只能用来当摆设。

32. 你可知道茶杯有哪些样式？

品茗器具，供盛装、品赏茶汤之用。历代主流饮茶方式不同，品茗器具也有差异。唐碗、宋盏、明瓯（杯），分别与唐煎、宋点、明泡相对应。

现代茶生活中，品茗器具非常多元，杯、盅、盏、碗，都有自己的"粉丝团"，但茶杯是最普遍，也最实用的。

茶杯作为品茗的必备器具，各窑场、各材质，应有尽有。不过，最常见的还是陶瓷质地的。

陶杯有江苏宜兴紫砂陶、广西坭兴陶、云南建水紫陶、西双版纳傣陶等。瓷杯就更多了，不同窑场，各种器型、釉色、花纹，争奇斗艳，简直就是个"花花世界"。

茶杯器型，高矮胖瘦，厚薄轻重，各式各样。盘点茶友圈中的各种"杯具"，有斗笠杯、马蹄杯、铃铛杯、鸡心杯、鸡缸杯、葵口杯、压手杯、六方杯、花神杯、仰钟杯、炉式杯、墩式杯、冰桶杯、圆融杯、卧足杯、高足杯、罗汉杯、禅定杯、折腰杯、直筒杯等20余种。釉色有单色釉、青花、斗彩、粉彩等。纹饰有印花、划花、刻花、剔花、堆花、扒花、镂雕（玲珑瓷）等。

随着以"极简"为主要特质的"宋式美学"蔚然成风，爱茶人选择品茗杯时，偏爱单色釉。其釉色素净淡雅，线条简洁流畅，给人宁

图 32-1　清·康熙十二月花卉杯

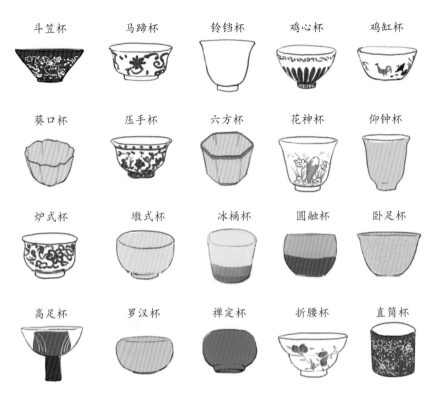

图 32-2 茶杯器型图鉴

静柔和之感，传达的是删繁就简、以少为多的美学理念，与简朴本真之禅境亦是相通。

在"尚古"之风吹拂下，一些茶友玩起了"唐煎宋点"，复刻了越窑青瓷茶碗、建窑黑釉茶盏等古代经典品茗器具并端上台面，希冀在茶中与古人神交。烧制工艺上，最古老的柴烧也被重拾，并因其制品素朴大方而风行。

现代创意设计也为茶杯的开发注入崭新活力，力求美观与实用统一。既有不同材质、工艺门类的跨界融合，也有中外、古今文化元素的跨时空融合。

"无由持一碗，寄与爱茶人。"（唐·白居易《山泉煎茶有怀》）古往今来，人们品的是茶，也是流转于杯盏间的无言之美。

33. 古人的藏茶之器为何样？

茶仓，又名茶罐、茶盒，在日本名为"茶入""茶枣"等。仓，顾名思义，贮藏收纳的空间。

从这个层面来说，茶仓也是一个微型的"茶空间"。除藏茶外，它也是一件精美的茶器。

材质以陶、瓷为主，也有竹木、漆器、金属、纸等。现代茶仓的材质还有玻璃、搪瓷、塑料等。陶制茶仓，又以紫砂为佳，透气性好，外观端庄沉稳，并刻图案、诗文等，审美与实用兼具。

不同时代，茶仓有不同形式。

藏于湖州博物馆的青瓷印纹四系茶字罍，烧制于东汉末至三国时期，是现存最早的茶仓。圆唇直口，丰肩鼓腹，平底内凹。肩饰两道弦纹，并横置对称四系，肩部刻画一隶书"茶"字，腹部饰印套菱纹和菱形填线纹的组合纹，是茶史研究的珍贵实物。

唐朝的茶仓，据《茶经》记载："育，以木制之，以竹编之，以纸糊之。中有隔，上有覆，下有床，傍有门，掩一扇。中置一器，贮塘煨火，令煴煴然。"还有纸囊、罗合为临时贮茶用。另外，陕西法门寺地宫出土的金银丝结条银笼子、鎏金鸿雁球路纹笼子，亦可能用作收藏茶饼。

图 33-1　宋·洪塘窑酱釉小茶罐

图 33-2 宋·酱釉薄胎陶罐, 福州市博物馆藏

宋人藏茶, 自有一套。"茶宜蒻叶而畏香药, 喜温燥而忌湿冷。故收藏之家, 以蒻叶封裹入焙中, 两三日一次"（宋·蔡襄《茶录》）; 有茶焙, "编竹为之, 裹以蒻叶。盖其上, 以收火也; 隔其中, 以有容也"; 有茶笼, "茶不入焙者, 宜密封, 裹以蒻, 笼盛之, 置高处, 不近湿气"。还有瓶, 藏茶之法, "十斤一瓶, 每年烧稻草灰入大桶, 茶瓶坐桶中, 以灰四面填桶, 瓶上覆灰筑实"（宋·赵希鹄《调燮类编》）。

宋朝产自福州洪塘窑的薄胎酱釉器, 系贮茶粉用, 以轻、薄闻名, 胎体厚度仅1～2毫米, 制作技艺炉火纯青。传入日本后, 称"唐物茶入", 被奉为茶道"圣品"。日本《君台观左右帐记》收入20多种唐物茶入, 除"擂座"外, 其余器型均为洪塘窑首创。

明清茶仓除建城（"竹笼"）、品司（"竹编提盒", 收贮各品叶茶）外, 还有坛、瓮、罂、瓶、锡罐（盒）等。

34. 茶宠的最初造型竟是"茶圣"陆羽?

茶宠，又叫"茶虫""小养活""小玩意儿"，是放在茶席间的小摆件，形态万千，造型与寓意相宜。泡茶时，用茶水浇淋或涂抹茶宠，日积月累，在茶汤的润泽下，其表面就会形成一层温润光滑的茶色包浆，且内含茶香，是茶席上人见人爱的"萌宠"。

茶宠早在唐朝就已有雏形，有趣的是，它最初的造型竟是"茶圣"陆羽的形

图 34　陶制小猴茶宠，很萌很可爱

象。那时，这样的物件虽无茶宠之名，却有茶宠之用途。

据《唐才子传》载，因为陆羽，天下人都懂得喝茶了。也是从那时起，一些茶商就按照陆羽的外貌和身形塑造瓷像，将他作为茶行业的祖师爷来供奉。不过，这些商家对"茶圣"并没有那么恭敬，而是把他的瓷像当作促销赠品：例如，每买十件茶具，就送瓷像一尊。生意好，商家就用茶水供奉陆羽像；生意差，则用开水浇淋陆羽像。"浇淋"这一操作，同现在养茶宠如出一辙。

玲珑的茶宠，能为茶席增色添趣。其形态取材广泛、变化多端，涵盖了禽鸟、虫鱼、花草、果蔬、人物等题材，雅俗共赏，而且都富含着美好寓意或深刻哲理。

茶宠是玩"谐音梗"的行家。茶庄茶店里，最多见的就是口中含着铜钱的金蟾，铜钱可转动，谐音"赚钱"。马背驮着一袋钱，名为"马上发财"，若是马背驮着猴子则寓意为"马上封侯（猴）"。一只胖脚，脚面上有蜘蛛的；或是一段竹节，停着一只知了的，皆寓意为"知足"。还有佛陀、弥勒、观音、达摩、僧侣等佛教人物形象的茶宠，一改清净庄严的面目，以活泼可爱的形象出现在茶席上，增添了几分禅意，也令人倍感亲近。

35. 古人有旅行茶具吗?

"一场说走就走的旅行",是一种乐观、潇洒的生活姿态的表现。

古今爱茶之人,不论在家还是外出,都少不了茶。煮茶、点茶、泡茶,茶器乃必备之物。旅行茶具,便是外出时的泡茶"神器"。

图 35-1　宋·佚名
《春游晚归图》(局部)
故宫博物院藏

《茶经·四之器》中的具列、都篮,均为收纳茶器之用;《九之略》对户外不同场合茶器的选用有细致规定。宋朝《春游晚归图》扇面,描绘了一老者踏春归来的情景。其中有一挑担者,前有茶炉、汤瓶,后有都篮,内置茶具。另外,刘松年

图 35-2　宋·佚名
《春游晚归图》
故宫博物院藏

图 35-3 竹编提盒
可供收纳茶器、户外饮茶"神器"

《斗茶图》《茗园赌市图》中，小贩手中亦是便携茶具套装。

"出游远地，茶不可少。恐地产不佳，而人鲜好事，不得不随身自将。"注重生活品质的明朝文人，在出游喝茶上很花心思。"士人登山临水，必命壶觞。乃茗碗薰炉，置而不问，是徒游于豪举，未托素交也。余欲特制游装，备诸器具，精茗名香，同行异室。茶罂一，注二，小瓯四，洗一，瓷合一，铜炉一，小面洗一，巾副之，附以香奁、小炉、香囊、匕箸，

图 35-4 宋·佚名《斗浆图》，黑龙江省博物馆藏

073

此为半肩。薄瓮贮水三十斤，为半肩足矣。"（许次纾《茶疏》）

许次纾还做了一份出游喝茶的"攻略"："瓦器重难，又不得不寄贮竹箬。茶甫出瓮焙之。竹器晒干，以箬厚贴，实茶其中。所到之处，即先焙新好瓦瓶，出茶焙燥，贮之瓶中。虽风味不无少减而气力味尚存。若舟航出入，及非车马修途，仍及瓦缶，毋得但利轻赍，致损灵质。"（《茶疏》）

为方便携带竹炉、茶器，还有"苦节君行者""器局"这样的便携式收纳箱盒。另有"茶籝"，唐时为采茶笭筐，后用作收纳茶器。

现代旅行茶具更多样。外形设计得更加便携，并突显颜值和创意。有的茶礼盒，部件重组后就是一套旅行茶具，设计巧妙且环保。

图 35-5　某爱茶人的旅行茶具套装

图 36-1　设计富有创意且轻巧实用的"汀壶"

36. 现代有哪些受欢迎的创新茶器?

茶器自从食具、酒具中"独立"以来,迄今已走过千余年。

当代茶器的品种、器型、材质等,既有承继传统,又有创新,远比古代多元化,有着新时代的审美特质。

就拿陶瓷茶器来说吧,史上记载的名窑皆有着顽强的生命力,窑火不息,延续至今。作为日用之器,茶器几乎是各窑场烧制的基本品种。江西景德镇青花瓷、江苏宜兴紫砂陶、福建德化白瓷、建阳黑釉瓷、浙江龙泉青瓷等,历千百年,依旧是陶瓷茶器中的"流量明星"。

如今这些名窑,既承古又开新,融合了传统工艺与现代科技,在设计上融入创意与时尚元素,满足越来越个性化的消费需求。例如,风炉、茶鼎、茶镤等煮水器具。在农耕文明时代,木炭是唯一的生火燃料。而在当代,尽管也有爱茶人"好古",但便捷、安全的加热电器是多数人的首选。同时,互联网、人工智能、纳米等新技术的应用,也为茶器设计与开发提供了更多的可能性。

曾一度在茶圈中爆红的"汀壶",就是一款极富设计感与现代气息的烧水壶,设计师对它的定位是"一只好看且有灵魂的电水壶"。

它一改电水壶粗大笨拙、噪音大等刻板形象，以高颜值、人性化的设计"圈粉"，一跃成为茶席上闪亮的"主角"，成功地在茶圈中引领了一场时尚潮流。其色有炭黑、米白、水粉等，尤其是大胆张扬的水粉，特别受欢迎，其设计灵感来自澳大利亚鲨鱼湾的盐田。近米，又推出天青色款，取"雨过天青"之色，清雅通透，素然自若。

还有飘逸杯、快客杯、闷泡壶等"快手"茶器，让喝茶变得更简单，美观且实用，室内、室外两相宜。

"看脸"的时代，茶器不仅要好用，还要好看、新潮。如今，茶器正成为爱茶人标榜个性的一种"时尚单品"。

图 36-2 "快手"茶器，让泡茶变得更简单，随时随地可以喝一杯好茶

37. "残器"是废还是宝?

茶器是茶人的日用之器,日复一日地使用,难免会磕磕碰碰。特别是陶瓷茶器,易裂易碎,残破后留着无用,弃之又可惜,令人纠结。

不过,在中国这个因瓷而名的国度,残器亦可通过"动手术"重获新生。锔瓷,俗称锔活,就是一项弥缝残损、化残为美的民间绝活。"没有金刚钻,别揽瓷器活",说的正是锔活。

简单地说,锔瓷就是用铜钉像缝补衣裳一样修复碎裂的瓷器,重塑它的"生命",让它可以继续使用。之所以称锔瓷为绝活,是因为器物经这种技术修补后虽"伤痕"累累,却滴水不漏。

图 37-1 大漆缮补的四系陶罍

图 37-2 打过锔钉的茶杯,锔钉补救残缺,还能锦上添花

锔活，分常活和行活两种。常活又叫粗活，多见于普通老百姓家用的陶瓷器具，如碗、盆、大缸等，锔钉粗大单一，多为铁制。行活又叫秀活，多为达官贵人、富豪乡绅等有钱有闲阶级订制。行活用的锔钉很讲究，乃精心锻打而成，有素钉、花钉、金钉、银钉、铜钉、豆钉、米钉、砂钉等。

　　花钉，金、银、铜、锡等材质皆有，根据残缺处具体情况，制作图案纹饰。常见样式有花叶草木、虫鸟蝶鱼、吉祥纹样等，极具装饰之美，不仅补救残缺，还锦上添花，浑然天成。

　　锔瓷除锔钉外，还有嵌补、嵌口、包边、包嘴、镶包、嵌饰、做件、补件等技法，"专治"各种残缺。

　　日本也有类似技艺，叫"金缮"，亦源自中国。不同于锔瓷，金缮是用加入金粉的漆液来粘补，化裂痕为装饰，化腐朽为神奇。

　　锔瓷也好，金缮也好，皆以尽善尽美的态度与精工细作的手法，去对待、补救不完美或有遗憾的器物，赋予它们新生，呈现的是一种残缺美。这是一颗爱物、惜物之心，也是一份深情关怀，与崇尚俭朴的茶道精神高度契合。

图 37-3　金缮让裂痕成为一道装饰

图 38-1 点茶用的建盏，摇身一
"变"，成了花器

38. "不器之器"也能"成器"？

白居易说："抱乎不器之器，成乎有
用之用。"（《君子不器赋》）

除了品赏茶器之美，还可以转变观
念，换个角度观察"器"，或用一双发现
美的眼睛去寻找"器"，让那些原非茶器
的"不器之器"突破其单一、常规的用
途，为茶所用。

知名茶人李曙韵倡导的"茶人的第三
只眼"也是同理——"茶人的眼睛，应是
独立于名物之外的。然而确立第一代名物
的茶人，应有其先天对器物的嗅觉，以及
后天在茶事上的淬炼。"

当代，茶壶、盖碗、茶杯、公道杯、
茶托、茶则、茶仓等器早已是司空见惯之
物，而且我们也理所当然地认为这些都是

图 38-2 战国·原始瓷匜
从如今颇为流行的公道杯中似乎
可以看到它的"影子"

泡茶饮茶的专用器具。然而，在它们还未正式成为茶器前，曾经历了一段相当漫长的、与食器酒器混用的"洪荒年代"。

例如，唐宋时用来碾磨茶饼的茶碾子，从《茶经》的描述及一些传世实物来看，其形制大致与药碾相同。不难理解，碾之所以会被陆羽选中，兴许就是受药碾的启发。毕竟，茶最初就是作药用。

所以，茶人在打量一件器物（尤其是非茶器之器）时，应先抛弃器物本身的"名相"，打破器物所固有的功能囿限，用"茶"的眼光和"无"的心境去打量、观察和感受。

日本著名民艺理论家柳宗悦认为，被茶人用作茶器的杂器，并非为茶器之用而制造，而是剥离了"旧文脉"，赋予饮茶用的"新文脉"并加以欣赏、使用。换言之，即"旧瓶装新酒"，将茶器之灵魂赋予杂器，使其焕发茶器之美。

凡物皆有可观，万物有灵且美。以茶人之眼观物，以茶人之心感物，从而唤醒"物灵"，则凡物皆可为茶所用。

图 38-3 古墙砖活用作干泡台

茶艺之美

图 39-1　茶艺强调有形的饮茶技艺技巧

39. 茶道与茶艺有什么不同?

"茶道"内涵丰富,人们常将"茶道"与"茶艺"混为一谈。我们常会听到"观看茶道表演""展示茶道"之类的说法,而此处的"茶道",应为"茶艺"。

茶艺与茶道,既相互区别,又相互联系。艺,有名有形,是具象的,可观赏、可操作;道,有名无形,是抽象的,须探求、须感悟,更须践行。在实际应用中,人们应以茶道指导茶艺,以茶艺践行茶道。

说起"茶道",很多人会联想到日本。不可否认,"茶道"是日本传统文化艺术的代表之一,但其根脉在中国。"茶道"一词最早出现在唐朝皎然《饮茶歌诮崔石使君》一诗中:"孰知茶道全尔真,唯有丹丘得如此。"

著名茶文化学者蔡荣章认为,茶道是指品茗的方法、功能及其意境。通常,强调有形的饮茶技艺技巧,称为"茶艺";强调由饮茶而生的美感、精神感悟与思想境界,则称"茶道"。

单从字面上看，"茶道"，中日写法都一样。然而，内涵却有本质的不同。

"道"有多个释义，如道路、道德、方向、技艺或技术、学术或宗教的思想体系等。正因如此，学者们对"茶道"的定义，众说纷纭。综合各家说法，大致有二：

其一，饮茶的技艺与艺术，如唐朝煎茶、宋朝点茶等历代饮茶方式，还有日本所谓的"茶道"。也许有人会说，日本"茶道"也有精神内涵，但它与花道、香道、书道等艺术形式一样，乃"艺道"，更偏重于"艺"。日本茶道流派之一的里千家将"茶道"英译为"the way of tea"，其中又包含相关的礼仪、仪式，因而茶道又译为"tea ceremony"，即"茶仪"（冈仓天心《茶之书》）。其二，借由饮茶来陶冶情操、修身养性、明德立德，从物质升华到精神，乃以茶修"道"。

而"茶艺"一词最早出现在茶学家胡浩川1940年为《中外茶业艺文志》所作的序言中："津梁茶艺，其大裨助乎吾人者。"他所说的"茶艺"，涵盖了种茶、制茶、评茶等与茶有关的各项技艺。

茶艺由饮茶衍生而出，古代虽无"茶艺"提法，却一直深植生活，流转不息。

唐煎、宋点、明清泡，代表了历代"茶艺"主流。其中，泡茶延续至今。

如今，人们对"茶艺"的理解有广义和狭义之分。广义是指关于茶种植、加工、审评、冲泡之艺，有的还将内涵扩大到整个茶领域。狭义则专指泡茶与品茶的艺术。

我们常说的"茶艺"就是狭义概念，有以下几类：

按行茶方式，分为煮茶茶艺、煎茶茶艺、点茶茶艺和泡茶茶艺；按饮用方式，分为清饮茶茶艺和调饮茶茶艺；按主泡器具，分为壶泡茶艺、盖碗泡茶艺、玻璃杯泡茶艺和碗泡茶艺；按冲泡温度，分为冷泡茶艺、低温泡茶艺、沸水泡茶艺、煮泡茶艺；按主题，分为文士茶艺、佛（禅）道茶艺、宫廷茶艺、民俗茶艺等，这类茶艺有较强的表演成分。

工夫茶艺自成一格，它源于福建，流行于闽、粤、台乃至东南亚地区，原是乌龙茶的专属茶艺。因该法能较直观地呈现茶的香气与滋味变化，渐渐被其他茶类所借鉴。

不论何种形式的茶艺，都有备器、择水、取火、候汤、赏茶、投茶、泡茶、斟茶、奉茶和品茶等基本程式。同时，茶艺是美的集中展现，茶美、器美、水美，人也美。美在感官体验，美至心灵。

茶道是茶艺的内核与灵魂，茶艺是茶道的外化与表坝。道若无艺，如同无花之木；艺若无道，如同无根之木。道与艺，是精神与物质、内容与形式的高度统一。

图 39-2　茶道与茶艺，是精神与物质、内容与形式的高度统一

40. 中国茶道精神是什么?

中国人自古重道,却从不轻易言"道"。茶道,有广义与狭义之分。广义指的是茶文化的精神内涵,狭义则指茶艺中所体现的哲理与道德规范。因此,茶道本质上就是一种精神。

台湾"中华茶艺学会"将中国茶道精神归结为"清、敬、怡、真";著名茶学家庄晚芳倡导"廉、美、和、敬"的"中国茶德";"茶界泰斗"张天福倡导"俭、清、和、静"的"中国茶礼";茶人周瑜提出"正、静、清、圆"的中国茶道精神。

学者们对中国茶道精神的理解,虽不一而足,却大同小异。因此,中国茶道精神大致可归结为:俭、清、和、静、敬、真。

俭,节俭,俭约,俭朴。"茶之为用,味至寒,为饮,最宜精行俭德之人。""精行俭德"正是《茶经》的精神内核。陆羽强调的是,饮茶之人也要像茶那样具备端正崇高的品行和节俭谦逊的美德。在《五之煮》中,他又写道:"茶性俭,不宜广,广则其味黯澹。"可见,俭是陆羽首重的道德品格。

清,清净,清静,清廉。唐朝韦应物诗云:"洁性不可污,为饮涤尘烦。"(《喜园中茶生》)茶,从南方幽寂的山野出生,与人类不期而遇,是自然造化恩予的瑞草嘉木。它清净无染,饮之,清心宁神。心清了,也轻了。君不见,卢仝《七碗茶歌》云:"五碗肌骨清,六碗通仙灵。"

茶，给人们带来了简单而美好的快乐，"人间有味是清欢"。茶，至清至洁，亦是清廉的象征。比如，苏轼把茶称作"叶嘉"，其"风味恬淡，清白可爱"；元朝杨维桢称茶为"清苦先生"。他们以茶明廉，以茶养廉，风清气正。

和，和美，和谐，和平。宋徽宗赵佶言茶性"致清导和"。和，乃中国茶道精神之核心，体现在茶上，从茶园到茶杯，"和"贯穿始终。"茶"字拆开，"人在草（艹）木间"，种茶、采茶、制茶、饮茶，都体现着"天人合一"，即人与自然的和谐。饮茶，有益健康，心平气和，是个人身心的和谐。以茶会友，以茶联谊，和和气气，融融洽洽，构建和谐的人际关系，促进社会和谐。扩展到国际关系层面，茶也是友谊和平的使者。中国历来主张和平，倡导和平崛起，是"和而不同""各美其美，美美与共"，也是"和衷共济""和合共生"。

静，宁静，雅静，恬静。"定而后能静，静而后能安。"（《大学》）"清静为天下正。""致虚极，守静笃。"（《道德经》）

图40　茶道本质上是一种精神

"水静极则形象明，心静极则智慧生。"（《昭德新编》）赵佶言茶"韵高致静"。饮茶，不只是解渴提神，也是寻求一份内心的宁静。茶须静心细品。心静了，自是恬然自得，轻安自在。

敬，礼敬，诚敬，尊敬。唐朝刘贞亮提出"茶有十德"，其中有"以茶利礼仁，以茶表敬意"。客来敬茶，是中国人的传统礼仪。主与宾，泡与饮，奉与接，皆有礼数，都离不开"敬"字。比如，斟茶只能七分满，太满则欺人；主人双手奉茶，客人也要双手接茶；"扣指礼"（手指轻扣桌面三下），以示感谢；等等。

真，真性，真心，真情。西晋刘琨在《与兄子南兖州史演书》中写道："吾体中溃闷，常仰真茶。"宋朝蔡襄《茶录》云："茶有真香……建安民间试茶，皆不入香，恐夺其真。"明朝朱权认为唐宋流行的团饼茶"杂以诸香，饰以金彩，不无夺其真味"（《茶谱》）。张源说："茶自有真香，有真色，有真味。一经点染，便失其真。"（《茶录》）程用宾也在《茶录》中提到："茶有真乎？曰有。为香、为色、为味，是本来之真也。"饮茶，可以放松身心，找回真我。以茶待客，真诚真心、真情实意。以茶悟道，真切体悟。"孰知茶道全尔真，唯有丹丘得如此。"真，是茶的本色，亦是中国茶道精神的起点与追求。

41. 什么水泡茶最好?

图 41-1　清澈甘洌的山泉水

明朝许次纾说:"精茗蕴香,借水而发,无水不可与论茶也。"(《茶疏》)

张大复的论述更是精辟:"茶性必发于水。八分之茶,遇十分之水,茶亦十分矣。八分之水,试十分之茶,茶只八分耳。"(《梅花草堂笔谈》)

茶与器、水,如影随形,缺一不可。茶之色、香、味的呈现,都要靠水成全。

占人对饮茶用水的讲究,近乎苛刻。唐朝名相李德裕为了喝一口好茶,利用权势,开辟了一条从京城长安到无锡惠山的运水特快专线——"水递"。

陆羽认为:"山水上,江水中,井水下。"张又新在《煎茶水记》中记载了陆羽发布的一份水品"榜单",榜单共罗列了20种水,其真实性与权威性有待考证。但张又新在该书中提出的观点让人眼前一亮:"夫茶烹于所产处,无不佳也,盖水土之宜。"

大宋点茶第一"高手"宋徽宗赵佶认为,好水应是"清、轻、甘、洁":"轻甘乃水之自然,独为难得。"(《大观茶论》)宋人对雨水、雪水等"天水"也情有独钟。苏轼说:"时雨降,多置器广庭中,所得甘滑不可名,以泼茶煮药,皆美而有益正尔……"(《东坡志林》)赵希

鹄则认为："雪水甘寒，收藏能解天行时疫一切热毒，烹茶最佳。"（《调燮类编》）

活，也是好水的标志。唐庚说："水不问江井，要之贵活。"（《斗茶记》）苏轼也说："活水还须活火烹。"（《汲江煎茶》）

在宋朝最流行的"斗茶"中，好水不仅给茶加分，有时还能让比赛反败为胜。泡茶时，不一定有名的水就是好水，有些不知名的水也会胜过名泉。蔡襄曾跟好友苏舜元斗茶，用的是大名鼎鼎的惠山泉。苏的茶稍差，便用竹沥水煎茶，竟成功逆袭。

明人对水质的钻研更深入，田艺蘅《煮泉小品》、徐献忠《水品》、龙膺《蒙史》等都是论水专著。《水品》记载了全国37处名泉名水，并注意到水质有轻重之分："水以乳液为上，乳液必甘，称之，独重于他水。"

爱茶的乾隆皇帝以水"轻"为上，最轻者莫过于雪水，北京玉泉山水仅次于雪水，遂被封为"天下第一泉"。

天下名泉数不胜数，扬子江中泠水、无锡惠山泉是公认的好水。

今非昔比，见诸记载的名泉，或消失，或遭污染，雨、雪水受大气污染，更不宜泡茶。琳琅满目的矿泉水是如今的泡茶首选。

图 41-2 福建屏南北墘村明代六角古井，井水甘冽，是泡茶亦是酿酒的好水

图 42-1　魏晋人茶生活一瞥
唐·孙位《高逸图》，上海博物馆藏

42. 古人是怎么煮茶的?

以陆羽《茶经》的问世时间为坐标向前回溯，茶叶最初是以食物和药物的身份进入人类生活的。

茶第一次以饮品的身份亮相，是以烹煮的形式。

"然季疵以前称茗饮者，必浑以烹之，与夫瀹蔬而啜者无异也。"（唐·皮日休《茶中杂咏·并序》）在中唐以前，喝茶就跟喝菜汤差不多。

鲜叶或干叶烹煮成汤后加盐饮用，这是"清爽型"。喜欢口味重一点的，就加入姜、桂、椒、橘皮、薄荷等佐料，与鲜叶或干叶同煮，此烹饪法与煮汤基本一致。

当时饮茶也没有专用器具，而是食器或酒器混用。用鼎、釜、锅煮茶，用碗、酒杯喝茶。

煮茶这一饮茶方式如同吃饭喝水一样，很简单，很粗放，谈不上"艺"，从汉魏六朝一直延续到初唐。

自中唐起，制茶技术水平的提升让煮茶之风渐淡，但并不意味着煮茶方式完全消失，只是成了非主流而已。其后的唐煎、宋点、明清泡亦如此。当朝与前朝的饮茶方式，不像改朝换代的取代与被取代，而是主流与支流的交替，是并存的。

比如，直接用鲜叶煮成的汤，也叫"茗粥"，唐朝依然存在。"淹留膳茗粥，共我饭蕨薇"（储光羲《吃茗粥作》），"长安客舍热如煮，无个茗糜难御暑"（王维《赠吴官》）。

直到今天，一些少数民族仍保留食茶、煮茶的习俗。

白茶的异军突起，也让现代人再次拥抱古老的煮茶法，煮饮老白茶成了新时尚。若是遇到一款好茶，有些茶友会将泡过多道后的它再放入陶壶或养生壶煮一煮，接着喝。

图 42-2 陶壶中煮沸的茶

43. 唐朝煎茶怎么煎?

炙（将茶饼烤干）

碾（将茶饼碾碎）

罗（筛出茶末）

图 43-1　唐代备茶步骤

《茶经》是世界茶学的开山之作，也是中国茶文化的开始。这部皇皇巨著，首次将饮茶从单纯满足生理需求上升到艺术高度，让茶从一片"树叶"变成美的载体。

书中记载的饮茶方式是煎茶，这是唐人饮茶的主流方式，也是最早的茶艺形式。煎茶脱胎于煮茶，所以，书中论及煎茶时皆以"煮"出现。但它又迥异于煮茶，煎茶在茶、器、水、火、煎、饮等方面都很讲究。

中唐时，茶区不断扩大，制茶技术日益完备，名茶涌现，如紫笋茶是鼎鼎有名的贡茶。茶叶形态有粗、散、末、饼茶四类，以饼茶为主。煎茶前，饼茶要先炙（烤），经碾（磨）、罗（筛出茶末）后，再煎。

此时茶器也有了"正规军"。《茶经》罗列了24件（含配件28件）茶器。以风炉、鍑煎茶，以瓢舀茶，以碗饮茶。煎茶器除鍑外，还有铛、铫。铛底通常有三足，并带横柄，柄有长有短；铫是一种带

煎茶主要流程：

备茶（炙、碾、罗）→备器→备水→取火→候汤→煎茶（加盐、投茶、搅拌）→酌茶（舀茶、分茶）→品茶

图 43-2 唐人煎茶
清·金农《玉川先生煎茶图》

柄有流的小锅，茶汤可直接斟入碗中饮用，用起来比鍑、铛更方便。

　　煎茶关键在于掌握火候。陆羽把水沸过程分成三阶段：一沸时，如鱼目，微有声，加盐；二沸时，边缘如涌泉连珠，舀出一瓢水备用，用竹夹在水中绕圈搅动，接着用则量取茶末投入；第三沸，腾波鼓浪，将二沸时舀出的沸水倒回。这时，舀出的头碗茶汤，品质最佳，名为"隽永"。

　　苏廙亦极尽品茶鉴水之能事，将汤分为十六品。他说："汤者，茶之司命。若名茶而滥汤，则与凡末同调矣。"（《十六汤品》）

图 43-3 宋·石茶铫
武夷山市博物馆藏

表4　十六汤品表

品次	汤名
第一品	得一汤
第二品	婴汤
第三品	百寿汤
第四品	中汤
第五品	断脉汤
第六品	大壮汤
第七品	富贵汤
第八品	秀碧汤
第九品	压一汤
第十品	缠口汤
第十一品	减价汤
第十二品	法律汤
第十三品	一面汤
第十四品	宵人汤
第十五品	贼汤
第十六品	魔汤

图 43-4　现代人煎茶颇具唐代遗风

　　陆羽对沫饽（茶沫）的描写更是优美：“细轻者曰花，如枣花漂漂然于环池之上；又如回潭曲渚青萍之始生；又如晴天爽朗有浮云鳞然。其沫者，若绿钱浮于水渭，又如菊英堕于樽俎之中。饽者以滓煮之，及沸则重华累沫，皤皤然若积雪耳。”陆羽的浪漫想象，在一碗茶中纵横驰骋。

　　煎茶还随唐朝对外文化交流传到日本、朝鲜半岛，影响深远。

44. 宋朝点茶怎么点?

苏轼诗云: "道人晓出南屏山, 来试点茶三昧手。" (《送南屏谦师》)

点茶是继唐朝煎茶以后兴起的又一茶艺形式, 也是煎茶的改进版, 其核心技术是"点"。

点茶由福建人发明, 而顶着贡茶光环的北苑龙凤团茶也产自福建建州 (今属南平市)。

"唐煎""宋点"在备茶阶段都要经过炙、碾、罗。但点茶对茶粉的精细程度有更高要求: 碾茶前, 要先将茶槌碎, 碾后, 还要用茶磨磨得更细。

细到什么程度? "碾为玉色尘, 远汲芦底井" (梅尧臣《答建州沈屯田寄新茶》), 像尘一样纤细; "碾处曾看眉上白, 分时为见眼中青" (曾几《李相公饷建溪新茗奉寄》), 曾几自注: "茶家云碾茶须令碾者眉白乃已。"

汤瓶、茶盏、茶筅是点茶必备"三件套"。

汤瓶用于注汤, 为高肩长流的瓷瓶。

茶盏, 黑釉瓷最佳, 宋人首推建窑兔毫盏。因为就茶色而言, 宋茶贵白, 似雪、似杨花的白, 只有青黑的建窑黑釉盏才能衬得出。而

图 44-1 碾茶

图 44-2 注汤

点茶主要流程：

备茶（炙、槌、碾、磨、罗）→备器→备水→取火→候汤→燺盏→点茶（调膏、击拂）→分茶→品茶

唐茶尚绿，故陆羽首推类冰似玉的越窑青瓷碗。

茶筅，由煎茶时用的竹夹演变而来，用于在茶盏中环搅击打（击拂）茶汤。五代时，也有用茶匕（即茶匙）来点茶。

点茶前要"燺盏"，即把茶盏烤热，类似泡茶的温杯工序。接着，以茶匙量取茶粉入盏。先注汤少许，调成黏稠如凝胶的膏状。然后边注汤，边用茶筅击拂，直到乳沫涌起。

点茶过程中，每一道技法都不同，茶汤也各有变化。宋徽宗赵佶《大观茶论》中对茶汤的描述颇有诗意，如"疏星皎月""结浚霭，结凝雪"等。

点茶既可用小盏自点自饮，也可用大盏点后，以勺分茶同享。它的流行，还衍生出一些有趣的茶游戏。斗茶，就是宋朝最受欢迎的全民"竞技游戏"。"胜若登仙不可攀，输同降将无穷耻"（范仲淹《和章岷从事斗茶歌》），"斗赢一水，功敌千钟"（苏轼《行香子·茶词》）。喝茶竟也可以如此惊心动魄！

图 44-3　击拂

图 44-4 "茶百戏"，在茶汤里写诗作画

另外，宋人还解锁了像"生成盏""茶百戏"这样的新玩法——以点（茶）为"笔"，以茶汤为"纸"，写诗作画，这玩的分明是艺术！不得不说，宋人可真会玩！

点茶，起于五代，盛于宋，到明中期还有受众。日本抹茶道、高丽茶礼，也深受点茶的影响。

图 44-5 童子点茶 宋·赵佶《文会图》（局部），台北故宫博物院藏

45.宋人热衷的斗茶怎么斗?

"斗茶味兮轻醍醐,斗茶香兮薄兰芷……胜若登仙不可攀,输同降将无穷耻。"(范仲淹《和章岷从事斗茶歌》)斗茶,又称"茗战"。原本安静的泡茶活动,因为融入了竞技的形式,而变得喧闹。它悄然褪去森冷庄严的面目,以平易近人的姿态,慷慨地向布衣敞开。

或山野林中,或茅亭野店,或勾栏茶肆,或明轩雅室,或殿堂宫苑,一只茶盏便是茶品一比高下的竞技场,从贩夫走卒到文人雅士,再到帝王将相,都热衷于在斗茶中体验激情,寻求刺激。于是,斗茶被宋人"玩"成了两宋最火爆、人气最高的全民"竞技游戏"。

追溯起来,斗茶并非是宋人的原创。有人认为,斗茶"始于唐,兴于宋",斗茶的出现多半受"梅妃"的影响。

梅妃,原名江采萍,是福建莆田人。她不仅是美女,还是慧敏能文的才女,因为生来喜爱梅花而被唐玄宗赐名为梅妃。

《梅妃传》中记载了一次她与玄宗斗茶的经历:

> 后上与妃斗茶,顾诸王戏曰:"此'梅精'也,吹白玉笛,作惊鸿舞,一座光辉。斗茶今又胜我矣。"妃应声曰:"草木之戏,误胜陛下。设使调和四海,烹饪鼎鼐,万乘自有宪法,贱妾何能较胜负也。"上大悦。

梅妃的聪明睿智,博得了龙颜大悦,而且从这段故

图 45 古代斗茶场景
明·仇英《松溪斗茶图》

事中可以看出，她绝对是个斗茶高手。另外，晚唐的冯贽在其《记事珠》中亦有"斗茶，闽人谓之茗战"的记载。

尽管上述逸事多为稗官野史，但可以肯定的是：斗茶始于福建。五代时，词人和凝召集身边的爱茶人组成"汤社"，让斗茶有了最初的具象表现："以茶相饮，味劣者有罚。"入宋后，斗茶更是在文人的翰墨丹青中得到了最充分的表现。

既然"斗茶"是宋朝的一种竞技游戏，那么必然就有游戏规则。迥异于现代，宋人斗茶斗的不是外形、香气、汤色、叶底等因子，而是茶色与汤花。

对于茶色，唐人尚青，宋人贵白。宋徽宗赵佶说："以纯白为上真，青白为次，灰白次之，黄白又次之。"他尤为推崇建州"条敷阐，叶莹薄"的"白茶"。茶色为何贵白？明人罗廪道出了个中缘由："白而味觉甘鲜，香气扑鼻，乃为精品。盖茶之精者，淡固白，浓亦白，初泼白，久贮亦白。味足而色白，其香自溢，三者得则俱得也。"（《茶解》）

汤花是击拂茶汤时，汤面上涌起的泡沫。早在西晋，杜育就曾诗意地描述汤花："焕如积雪，烨如春敷。"陆羽则称其为"沫饽"。斗茶输赢的评判标准，除了汤色外，更重要的是看汤花的持久度，即"著盏"（亦称"咬盏"）时间的长短或"水痕"（亦称"水脚"，汤花退散后，盏壁露出的茶色水线）出现的早晚。"以水痕先退者为负，耐久者为胜。"因此，绝佳的汤花应是"面色鲜白，著盏无水痕"。

斗茶的胜负，有时就在"相去一水、两水"甚至"一线"间。"沙溪北苑强分别，水脚一线争谁先。"（苏轼《和蒋夔寄茶》）看似细微的水线，往往成为决定胜负的关键。

如今，大大小小的斗茶赛、茶王赛在全国各地更是"你方唱罢我登场"，是切磋交流制茶技艺的赛场，也是打响茶叶品牌的平台。

表5　宋代与现代斗茶方式对比

	宋代	现代
茶品	蒸青团茶、饼茶	六大茶类均有，以安溪铁观音、武夷岩茶为代表的乌龙茶居多
饮茶方式	点茶法	瀹泡法
斗试项目	茶色 汤花	五项评茶法：外形、香气、汤色、滋味、叶底 八因子评茶法：条索（颗粒）、整碎、净度、色泽、香气、汤色、滋味、叶底
标配茶器	茶焙、茶钤、砧椎、茶碾、茶磨、茶罗、茶盏、茶匙、汤瓶、茶筅	审评盘、审评杯、钟形带盖瓷盏（乌龙茶专用）、审评碗、叶底盘、样茶秤、沙时计或定时钟、网匙、茶匙、汤杯、吐茶筒、烧水壶
评判标准	茶色：以纯白为上真，青白为次，灰白次之，黄白又次之 汤花：以水痕先退者为负，耐久者为胜	常用五项评茶法，综合计分，按得分高低排列名次，满分通常为100分

46. 明清泡茶的方式跟现代一样吗?

泡茶,是明中期兴起,至今风行 500 多年的茶艺形式。

泡茶的"前身"是唐朝的"淹茶",即把茶放入瓶缶中,用沸水淹泡。但陆羽并不提倡这一饮茶方式。宋元时期,泡饮法仍被边缘化。它的"出头之日"在团饼茶退场后。

"今人惟取初萌之精,汲泉置鼎,一瀹便啜,遂开千古茗饮之宗,不知我太祖实首辟此法。陆羽有灵,必俯首服。蔡君谟在地下,亦咋舌退矣。"(《万历野获编》)明人沈德符对朱元璋下旨"罢造龙团,惟采芽茶以进"大肆吹捧。

朱元璋的这道诏令的确是泡茶法大放异彩的前奏。

朱权认为,团茶"杂以诸香,饰以金彩,不无夺其真味","然

图 46-1 泡茶,兴于明中期
明·文徵明《惠山茶会图》(局部),故宫博物院藏

天地生物，各遂其性，莫若叶茶；烹而啜之，以遂其自然之性也"（《茶谱》）。

渐渐地，芽叶完整的散茶取代了唐宋以来的末茶，可直接放在茶瓯、茶盏里泡，也可用壶来泡。

前者为"撮泡"，后者为"壶泡"。

撮泡，最早是杭州民间的饮茶习俗。"杭俗烹茶，用细茗置茶瓯，以沸汤点之，名为撮泡。"（明·陈师《茶考》）

明初，文人雅士泡茶多用瓷壶。紫砂壶问世后，因泡茶"既不夺香，又无熟汤气"，很快成为文人雅士们爱不释手的"掌中宝"。到清朝，则流行用盖碗泡茶。

图 46-2　盖碗是清代常用的泡茶器

闽、粤地区，泡工夫茶又自成一格。"杯小如胡桃，壶小如香橼，每斟无一两"（清·袁枚《随园食单·茶酒单》）说的正是工夫茶具。

泡茶延续到今天，壶泡、盖碗泡、玻璃杯泡、碗泡，冷泡、低温泡、沸水泡、闷泡，各种泡茶方式，随心泡。煮茶、煎茶、点茶，在现代也相继复兴。一杯茶中，饱含了人们的思古怀远之情。

日本煎茶道、朝鲜生活茶礼也是中国茶艺在东亚其他国家的流传演变。泡饮也是当今世界多数国家主要的饮茶方式，或茶壶，或马克杯，即泡即饮，稀松平常。

泡茶，自然、简单。

图 46-3　泡茶用的铁壶

47. 壶泡法有何门道?

关于历代主流饮茶器,有这么一个说法:"唐碗、宋盏、明壶、清盖碗。"

可见,壶在明朝茶生活中所扮演的角色非常重要。

壶的原型是六朝时就有的注子,初为酒器。晚唐时,演化出茶用注子。

宋人注水用茶瓶(汤瓶),器型与功能皆为满足点茶而设计。

明朝散茶兴起,茶瓶形制又为之一变。壶身渐圆,颈部渐短,长流变短流,茶壶已初具雏形。明中期,它有了个诗意的名字:注春。不过,它仍用作烧水注茶,是茶瓶的"改版"。而早期紫砂壶,如龚春、时大彬所制之壶,称"砂罐""砂瓶",皆非直接泡茶之用。

烧水注茶与泡茶斟茶的分工明确,让壶的名称出现分化。比如,煮汤用锡罐,泡茶用陶壶(程用宾《茶录》);又如,注与壶(罗廪《茶解》)。延续至今,烧水壶与泡茶壶,各司其职。

大壶泡茶,是解渴。小壶泡茶,是情趣。小壶泡法是指用400毫升的壶泡茶,30～50毫升的杯品茶,一次投茶,多次饮用。小壶材质以陶瓷为主,紫砂壶最常见,近年流行用银壶。

明朝许次纾对小壶泡茶情有独钟:"茶注,宜小不宜大。小则香气氤氲,大则易于散漫。若自斟酌,愈小愈佳。"而且,他品得有声有色:"一壶之茶,只堪再巡。初巡鲜美,再巡甘醇,三巡意欲尽矣。余尝与客戏论：初巡为婷婷袅袅十三余，再巡为碧玉破瓜年；三巡以来，绿叶成阴矣。所以茶注宜小，小则再巡已终。"（《茶疏》）

小壶泡茶，可独自细品静享，也可与友围坐共饮。

独品，有斟杯品饮，也有老茶鬼直接对着壶嘴啜吸，潇洒自在。

分享则有讲究，斟茶入杯，或公道杯分茶。

斟茶有先后，茶汤浓淡不一。于是，工夫茶艺中有提壶转圈的斟茶方式，往各杯轮流斟茶，周而复始，直到每杯达到七八分满，名为"关公巡城"。"转圈"也有门道，右手逆时针，左手顺时针，寓意迎客，相反则为逐客。

快斟完时，剩余茶汤均匀滴入各杯，名曰"韩信点兵"。

用公道杯则相对简单。茶汤浓度一致，各杯逐一斟满即可。

斟茶技艺，体现了"来者都是客""主客平等"的中国传统待客之道。

与人共享一壶茶，品的不止是茶，也是浓浓的人情味。

图 47　小壶泡茶，泡的是闲情雅致

48. 盖碗泡茶有何讲究?

图 48-1 盖碗泡茶, 投茶量一般视盖碗容量而定

盖碗的包容性很强, 六大茶类皆可泡, 称得上"万能茶器"。

使用前可先温碗, 既为清洁, 也可弥补水温偏低时的不足。

泡乌龙茶、紧压茶, 通常要洗茶。一方面出于卫生的考虑, 一方面也为"醒茶""润茶", 更有利于香气与滋味的释放。洗茶时, 出汤要快, 以5秒内为宜。

盖碗泡法有两种: 泡饮合一和泡饮分开。投茶量一般视盖碗容量而定, 当然了, 也可根据个人浓淡喜好来投茶。

若要泡饮合一, 通常用110毫升盖碗, 投2～3克茶。冲入开水至碗口下限, 盖上碗盖, 静置2分钟后, 奉给客人饮用。

若盖碗仅用作冲泡, 投茶量就要加大, 并使用可泡多道的茶, 出汤时间, 每一道都不同, 如武夷岩茶。

常见的市售岩茶, 每泡为8～8.5克, 潮汕地区喜饮酽茶, 每泡12克, 甚至15克。

乌龙茶审评, 5克茶, 110毫升盖碗, 泡3道, 每道茶出汤时间分别为2分钟、3分钟、5分钟。

日常饮茶可不用这么严格。有茶友总结了一份岩茶冲泡时间表供参考:

一泡8克的岩茶, 以110毫升盖碗泡。第1道, 5秒; 第2～4道, 30秒; 第5～7

图 48-2　置茶入碗

道，45 秒；第 8 ～ 9 道，1.5 分钟。

喝到香弱味淡时，有些茶友觉得意犹未尽，会进行"坐杯"，即延长出汤时间5～10分钟不等。

但不论泡多久，每道茶出汤时一定要沥干，以免影响下一道的品鉴。

盖可嗅香气，也可用来刮茶沫、碎茶。

碗，泡饮合一时，可尝滋味，赏汤色，赏叶底；泡饮分开时，仅可赏叶底，赏汤色和尝滋味则托付给公道杯和品茗杯。

张源说："独啜曰幽，二客曰胜，三四得趣，五六曰泛，七八曰施。"（《茶录》）一人端一盖碗喝茶，自得其乐。但"独乐乐不如众乐乐"，盖碗泡茶，乐在分享。

现代都市生活中，三五茶友相聚，喜欢"斗茶"。盖碗一字摆开，你一泡，我一泡，一试高下。一边品，一边点评，其乐融融。

49. 玻璃杯能呈现怎样的泡茶之美?

透明无色的玻璃杯，最接近水的颜色，适于冲泡原料细嫩且外形优美的名优绿茶、白茶、黄茶和茉莉花茶。

玻璃杯，将泡与饮的功能合二为一，既能察"颜"观"色"，又能闻香尝味。

玻璃杯泡茶虽轻松简单，但也有讲究。掌握投茶顺序是该泡法的关键。

明朝张源说："投茶有序，毋失其宜。先茶后汤，曰下投。汤半下茶，复以汤满，曰中投。先汤后茶，曰上投。"（《茶录》）他还认为季节不同，投茶次序也有区别："春、秋中投，夏上投，冬下投。"

今人也沿用了"三投法"，并对它进行了改良，如今是根据原料的老嫩程度来选择投茶法。

冲泡一些带嫩芽嫩叶的茶，如碧螺春、白毫银针、蒙顶黄芽等，首选上投法。

常用的玻璃杯容量为200～250毫升。通常，50毫升配1克茶。

先往杯中注入85℃～90℃的开水，再将茶投入。干枯的芽叶在水的浸润下缓缓下沉，似雪片纷纷。

图 49-1　玻璃杯里的茶叶

它们徐徐苏醒，似针，似笋，似枪，似剑，颗颗饱满，颗颗挺立；一芽一叶，一枪一旗；一芽二叶，好似花朵。

茶烟袅袅，嫩香、栗香、豆香、花香、果香……满是春日气息。

茶汤绿染，淡绿、碧绿、黄绿……绿意盎然。

迎光细赏，汤中有纤细微小的茸毫在欢快地浮游，充满动感，就像深海里的鱼群。这些可爱的小"精灵"，是茶汤鲜爽滋味的贡献者。

下投法是最常见的泡法，常用于冲泡西湖龙井、六安瓜片等茶。将茶投入杯中，泡前，赏其静之美；泡时，赏其动之美。注水入杯后，茶随水流翩然起舞，旋转翻腾，浮浮沉沉。茶遇水，渐渐舒展，复归丰盈。

中投法则分两步，先注入约1/3的水，接着投茶。待茶舒展后，再加到八九分满。

小口啜茶，缓缓咽下，让茶汤浸润味蕾。色之清新，形之优美，香之淡雅，味之鲜醇，如沐春风。

一只玻璃杯，就是一个茶的舞台。隔着玻璃，茶尽展曼妙舞姿，让人看到了最动人的春色。

图 49-2　一只玻璃杯，就是一个茶的舞台

50. 碗也能用来泡茶?

碗泡法风起台湾，是近年来流行于茶友圈的一种泡法。

该泡法以大口径碗或盏冲泡，材质有玻璃（琉璃）、陶、瓷，仿唐法门寺地宫琉璃盏是"人气款"，适于泡绿茶、白茶和黄茶。如果原料嫩度高，更具观赏性。

冲泡后，用长柄茶勺舀茶汤分到每位客人杯盏中，也有用瓷茶匙分茶的做法。

这一操作颇似唐朝煎茶法中的酌茶，也像聚餐时汤勺分汤。

较之盖碗、茶壶，大碗大盏的空间显然更敞亮，芽叶能更充分地舒展。

图 50-1　粗瓷大碗泡茶，有粗朴的味道

用长柄茶勺分茶时，不宜搅动茶汤，也切忌将舀出的茶汤再倒回。将茶勺倾斜45°放入茶汤，尽显优雅从容。舀时，尽可能避免茶叶流入勺中。舀出茶汤后，茶勺可在碗沿轻轻刮一下，避免茶汤滴沥，拖泥带水。

　　每碗茶分完再泡下一道。分茶后，茶汤若还有剩余，可将茶针横放，抵住碗沿，滤尽。

　　碗泡茶粗犷豪放，饶有古风，又有几分禅意。

　　大碗茶又是另一番风景，像北京前门老舍茶馆的大碗茶，是老北京几代人的温暖回忆，满满的京味儿。这是用大茶桶泡出来的茶，用粗瓷大碗盛着喝，充满了市井烟火气。

图 50-2　碗泡茶

图 51-1　滚杯

51. 工夫茶的工夫体现在哪?

工夫茶,专为泡饮乌龙茶而生。它盛行的地区——闽、粤、台,恰恰也是乌龙茶的主产区,中国乌龙茶产区的"金三角"。

该泡饮方式最鲜明的标志就是:小壶泡茶,小杯品茶。

清康熙五十三年(1714年)《漳州府志》:"近则移嗜武夷茶……必以大彬之罐,必以若深之杯,必以大壮之炉,扇必以琯溪之箑,盛必以长竹之筐……"

类似记载还有不少,无一例外,工夫茶泡的都是武夷茶。而武夷茶最优质者及精湛制茶技艺,最早就叫"工夫茶"。

原不喜饮武夷茶的袁枚,有次去武夷山旅游,喝到当地僧人泡的工夫茶,也成功被"圈粉"。

武夷茶的香、味、韵,需由工夫茶艺来呈现。所以,翁辉东说:"工夫茶之特别处,不在于茶之本质,而在于茶具器皿之配备精良,以及闲情逸致之烹制。"(《潮州茶经》)

潮州工夫茶艺是工夫茶艺的代表。传统潮州工夫茶相当讲究,一套完整的工夫茶器有20件。现代工夫茶器虽有简化,但基本器也有七八件。

国家级"非遗"项目潮州工夫茶艺冲泡程序共有21道。其中，炙茶和滚杯最有"功夫"。

炙茶，把茶倒在素纸（绵竹纸）上，置于泥炉上方10～15厘米处，以顺时针和逆时针移动，提香净味，颇有唐宋遗风。

滚杯是一种烫洗茶杯的方式，很考验技术，分别在温壶后和高冲后。需要在一只装有沸水的茶杯中，轻快地轮转另一只茶杯的杯沿。

另外，福建茶人吴雅真编创的十八道泡法"闽式工夫茶"，台湾茶人范增平编创的"三段十八步"行茶法，也各有千秋。闽南、潮汕人还把工夫茶带到东南亚乃至全世界，成为他们牵系家国的文化纽带。

闽南人把喝茶称为"呷茶"，不论待客，还是谈生意，都要先"呷"一杯。呷，即小口喝、吸饮。如此饮茶，精致、悠闲，是寻慢，是快节奏生活的逆行。

工夫茶，泡茶、品茶花工夫，也有工夫。一杯工夫茶的工夫，拉近人与人之间的距离。遇到纷争时，边喝工夫茶边谈心，气氛渐渐融洽，化干戈为玉帛，这正是"万丈红尘三杯酒，千秋大业一壶茶"。

图 51-2　一杯工夫茶的工夫，拉近了人与人之间的距离

52. 清饮茶法的精髓在哪?

周作人说: "喝茶以绿茶为正宗, 红茶已经没有什么意味, 何况又加糖与牛奶?"

尽管他鄙视红茶调饮, 但中国人饮茶最初却是从调饮开始的。

唐以前, 茶多煮饮, 有加盐, 也有加葱、姜、桂等调料。中唐以后, 口味渐趋清淡, 仅加盐而已。在陆羽看来, 加料煮茶, "斯沟渠间弃水耳"! 到宋朝, 虽倡导清饮, 但茶叶, 尤其是贡茶, 在制作时会加入龙涎脑、麝香之类的香料来助香, 而烹点时, 也会加入珍果香草。蔡襄认为: "茶有真香。" 不论制茶还是点茶, 加料调香调味, 都会夺去 "真香"。宋徽宗赵佶亦深以为然。

明人对茶更是崇尚 "自然主义": "杂以诸香, 失其自然之性, 夺其真味。"(朱权《茶谱》)"一经点染, 便失其真。如水中着咸, 茶中着料, 碗中着果, 皆失真也。"(张源《茶录》)……顾元庆在《茶谱》中还对会夺香、夺味、夺色的珍果和香草进行了详细分类。

然而, 他们并不排斥自宋以来就有的 "熏香茶", 也就是现代花茶的 "前身"。有花香的茶味, 品的是浪漫。

清饮茶, 重在品。

"一饮涤昏寐, 情来朗爽满天地。再饮

清我神，忽如飞雨洒轻尘。三饮便得道，何须苦心破烦恼。"唐朝诗僧皎然品出了茶道的真谛，"孰知茶道全尔真，唯有丹丘得如此。"（《饮茶歌诮崔石使君》）

卢仝品味的"七碗茶"更是前无古人后无来者："一碗喉吻润，二碗破孤闷。三碗搜枯肠，惟有文字五千卷。四碗发轻汗，平生不平事，尽向毛孔散。五碗肌骨清，六碗通仙灵。七碗吃不得也，唯觉两腋习习清风生。"（《走笔谢孟谏议寄新茶》）

《红楼梦》里的妙玉，其"三杯茶"也是高论："一杯为品，二杯即是解渴的蠢物，三杯便是饮牛饮骡了。"

著名作家林语堂以女子妙喻茶："严格地说起来，茶在第二泡时为最妙。第一泡譬如一个十二三岁的幼女，第二泡为年龄恰当的十六女郎，而第三泡则已是少妇了。"

"从来佳茗似佳人。"林语堂算是苏东坡的知己。

嗅真香，赏真色，品真味。一个"真"字，道尽了清饮茶法的精髓。

左／图52 一个"真"字道尽了清饮茶的精髓

53. 调饮茶是"舶来品"吗?

调饮茶似乎是现代都市生活的时尚。街头茶饮店林立,以花样新奇的调味茶、珍珠奶茶、果味茶、花草茶……吸引年轻人的目光。

英国下午茶,糖罐、奶盅必不可少。而对俄罗斯人来说,砂糖与红茶同样重要。

所以,不少人认为调饮茶是"舶来品"。其实不然,中国饮茶史正是从调饮开始的。

古人调饮茶的配料超乎现代人的想象:有葱、姜、桂、茱萸、橘皮等香料,荔枝、水梨、杨梅、柿、枣等果类,茉莉、梅花、蔷薇、木樨等香花,核桃、栗子、榛子等坚果,还有山药、笋干、莴苣、芹菜……皆可调饮。那时的有些调饮茶,在今天看来,堪比"暗黑料理"。

图 53-1　20 世纪 60 年代藏族人喝酥油茶

这在文人雅士为主体的主流饮茶群体看来，有损茶之"真"，因而被扬弃。

但，调饮茶在民间以及少数民族地区得以延续。譬如，土家族的擂茶，藏族的酥油茶，回族的三炮台，蒙古族的咸奶茶，白族的三道茶，侗族的打油茶，等等。

纳西族的"龙虎斗"堪称一绝。先将茶装入一只小陶罐，连罐带茶放在火上烘烤，边烤边转动茶罐，使茶受热均匀。待茶发出焦香时冲入沸水，煮3～5分钟。然后，把茶倒入装有半盅白酒的茶盅内。热茶与酒热烈相拥，发出"啪啪"的声响，被纳西人视为吉兆。"龙虎斗"，茶酒既相"争"又相融，好看又好听。

调饮，虽改变了茶之本香、本色与本味，但也体现了茶强大的包容性，与瓜果、花草、食材、奶、酒等兼容并蓄，蕴含着"和"的文化精神。

图 53-2　广东揭西客家擂茶

54. 民俗茶艺有多丰富？

茶为国饮。

中国是一个统一的多民族国家，56个民族，每个民族都直接或间接与茶有着联系。可以说，茶是中华民族共同的生活记忆与文化记忆。

"十里不同风，百里不同俗。"不同地区，不同民族，不同的生活习惯，不同的文化背景，孕育出丰富多彩的茶俗。

严格来说，民俗茶艺虽有一定的程式，但不能算真正的"茶艺"，称"茶俗"更合适，因为其更侧重于表演性、观赏性。

茶俗是从衣食住行、柴米油盐、婚丧嫁娶的日常生活中"生长"出来的。

汉族茶俗有江南地区的"新娘茶"，流行于湘、粤、赣、闽、桂、台等地的"擂茶"（土家族亦有）等。

少数民族茶俗则灿烂多彩。三道茶、酥油茶、

图 54　壮族姑娘们在泡六堡茶

咸奶茶、罐罐茶、竹筒香茶、"龙虎斗"、烤茶、腌茶……以茶为载体，融合了服饰、音乐、歌舞、语言、饮食、习俗、工艺美术、生活场景等，展示着浓郁的民族风情，雅俗共赏。

一杯民俗茶，体现着一种"最炫的民族风"。

2022年11月29日，"中国传统制茶技艺及其相关习俗"被正式列入联合国教科文组织人类非物质文化遗产代表作名录。

55. 茶艺师需要哪些自我修炼？

如同制茶师成就一泡好茶，茶艺师是呈现茶艺之美的关键。

茶艺之美，是茶、器、水、境与人的集"美"。

论人之美，不一定就是看"颜值"。尽管许多人属"外貌协会"，但茶艺师之美主要看气质。若光有"颜值"而缺乏修养，那就是"花瓶"了。据说"茶圣"陆羽相貌丑陋，但丝毫不影响他成为备受后人敬仰的茶道开山祖师。

所谓"气质"，包括仪态、动作、礼仪、思想、品格等。一位有气质的茶艺师应该是这样的：

①仪态优雅。一位优秀的茶艺师，必是仪容仪表得体，不论坐、站、行，还是跪（日、韩茶道），姿态皆优雅大方；说话时，轻声细语，使人如沐春风，倍感清新。

②动作到位。茶艺，是茶汤的艺术。茶艺师，

便是"茶汤艺术家",依茶类、品种,选择茶艺。不论煮茶、煎茶、点茶,还是泡茶,抑或展示日本茶道、韩国茶礼,茶的品质特征、茶器的用法及行茶程式、礼仪等,他们皆了然于心,动作行云流水,一气呵成。

③礼仪得当。茶艺,行的是茶,也是礼。茶之礼,重在把握细节。比如,泡茶时,悬壶高冲低斟,反复三次,乃"凤凰三点头",表示向客人三鞠躬;摆放茶壶时,壶嘴正对着客人,是逐客,很失礼;主人给客人斟茶时,客人可行叩指礼,以表感谢。一位优秀的茶艺师,就是文明礼仪的典范。

④思想深邃。茶艺,不只是一项技艺,还是一门综合艺术。它与文、史、哲、艺术等门类皆有交叉渗透,尤其是书画、音乐、歌舞等艺术。一位优秀的茶艺师,不但能淋漓尽致地展现茶色、茶香、茶味之美,还有着渊博的知识、开阔的视野和深邃的思想,博采众长,为茶所用。

⑤品格高尚。陆羽说:"茶之为饮,最宜精行俭德之人。"茶道的终极目标,就是做人。优秀的茶艺师,必是个品格高尚的人。

图55 茶艺师是呈现茶道之美的关键

茶席之美

图 56-1　茶席是现代茶生活精致优雅的体现

56. 何为茶席?

茶席是现代茶生活精致优雅的体现,从个人饮茶、茶空间,到茶会、雅集等各类茶事活动,都少不了一方茶席。

"席"的基本含义有三:用苇蒻、竹蒻、草等编织的片状物;成桌的饭菜,酒席;席位。

翻遍古籍,酒席筵席,铺天盖地,却无"茶席"之名。然而,这并不意味着它不存在。从诗文、绘画中,还是可赏古代茶席之美。

《茶经·九之略》谈到:"其煮器,若松间石上可坐,则具列废……若瞰泉临涧,则水方、涤方、漉水囊废。"显然,这是户外茶席。

唐朝《宫乐图》展现了唐朝宫廷茶席,器具华贵,场面铺张。

宋朝赵佶《文会图》反映的虽也是宫廷茶生活,但更具文人气息:庭园清幽,一张巨桌上,茶器、插花、果盘胪列。桌旁文士围

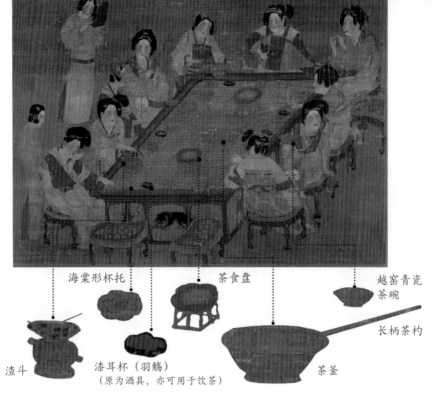

海棠形杯托

茶食盘

越窑青瓷
茶碗

长柄茶杓

渣斗

漆耳杯（羽觞）
（原为酒具，亦可用于饮茶）

茶釜

图 56-2　唐·佚名《宫乐图》

坐，另有童子，或备茶，或奉茶，还有琴瑟点染。人、茶、器、境等
茶席要素皆备。

文人茶席注重的是闲情雅趣。罗廪《茶解》云："山堂夜坐，手
烹香茗。至水火相战，俨听松涛，倾泻入瓯，云光缥缈，一段幽趣，
故难与俗人言。"

从宋朝刘松年《撵茶图》、元朝王问《煮茶图》及明清描写文人
生活的画作中，也都能一睹茶席的倩影。陆树声、文震亨等文人还精
心营造了喝茶专用的茶寮。

茶席是关于饮茶的综合艺术，也是一个包含茶、器、境的美学空
间。其中，茶是核心，器用的排列组合，焚香、插花、挂轴（书画皆
可）、铺垫、背景、茶食、摆件、音乐等造境，皆为品茗服务，其目
的终是为人们带来愉悦的身心体验。

57. 茶席上应包含哪些元素？

茶席是为品茗而设计的作品，其创作主体是人。茶品的选择，茶器的选择、组合与使用，香、花、画、景等环境气氛的营造、烘托与渲染，主题的设计与呈现，美与内涵的表达，皆由人来实现。

所以，人、茶、器是构成茶席最基本的要素，缺一不可。只要有人、茶、器，即可成席，无论繁简精粗。

茶席作为一种饮茶空间，以茶为中心，由内到外，由近及远，包含的元素一般有：茶器、香具、插花（盆景）、茶食（果盘、点心、蜜饯等）、铺垫（桌旗、席布等）、摆件（茶宠、工艺品、太湖石等）、背景（屏风或自然景观）、书画、音乐（琴、筝等）。

这些元素，不可按部就班或面面俱到，应根据茶席的主题、举办茶会的空间进行灵活掌握，取舍有度。

比如在自然山水中，焚香、摆件、背景、挂轴等可省去。如果刚好有一块较平整的天然石头，可用作桌案，铺垫也可省去。

另外，插花也可就地取材，不一定要用花，枝、叶、果，甚至枯枝、苔藓，皆可用。

美，无处不在。重要的是，得有一双寻找美、发现美、感受美的眼睛。这也是爱茶人关于美的一项重要修炼。

图 57　茶席是为品茗而设计的作品，其创作主体是人

58. 品茗时焚香有何讲究？

焚香、点茶、挂画、插花，乃宋人"四般闲事"，亦称"四艺"。

在文人雅致生活中，香是茶的佳侣。

"品茶最是清事，若无好香在炉，遂乏一段幽趣。焚香雅有逸韵。若无名茶浮碗，终少一番胜缘。是故茶、香两相为用，缺一不可。"（明·徐𤊹《茗谭》）

燃一炉好香，啜一碗佳茗，润泽身心，滋养心灵。

一席茶，因有香的点染，而变得静谧空灵。轻烟袅袅，于烦嚣中辟一方净土。

元朝赵孟𫖯说："清茶一杯，好香一炷。闲谈古今，静玩山水。不言是非，不论官府。行立坐卧，忘形适趣。冷淡家风，林泉清致。"（《真率斋铭》）清茶清心，好香清神，陶冶性情，淡泊闲适。

香的种类繁多，沉香、檀香、苏合、麝香、乳香、伽南香、龙涎、龙脑、降真、安息、丁香、崖柏等，适于品茶。

香品亦有生熟之分。生香是留存在活香树体内的香，离开香树或所寄存香树死亡的香体则为熟香。

茶席用香多是经加工的熟香。依形态，有线香、柱香、盘香、条香、塔香、篆香（印香）、瓣香、香锥、香粉、香片、香末、香膏、丸香、特形香、原态香材等。

图 58-1 东汉·绿釉通花陶熏炉

按材质分，有单品香与和香。单一香材，为单品香；由多种香材调制者，为和香，苏轼、黄庭坚都是和香高手。

香器有香炉、卧炉、熏炉、手炉、熏笼、熏球、香筒、香斗、香囊、香插、香盘、香篆模、香夹、香匙、香箸、香铲、香帚、香瓶等。其中，以香炉最常见，器型有博山炉、鼎炉、鬲炉、敦炉、簋炉、豆炉、钵炉、洗炉、筒炉、樽炉、盏炉等，材质主要有陶（紫砂）、瓷、铜、铁等。宋朝汝、钧、哥等名窑均有香炉传世，明宣德炉更是闻名遐迩。

焚香啜茗，四时、阴晴、雨雪，皆有可乐。

古人早已为我们备好了一份赏香乐事"指南"：

"香、茗之用，其利最溥，物外高隐，坐语道德，可以清心悦神。初阳薄暝，兴味萧骚，可以畅怀舒啸。晴窗拓帖，挥塵间吟，篝灯夜读，可以远辟睡魔。青衣红袖，密语谈私，可以助情热意。坐雨闭窗，饭余散步，可以遣寂除烦。醉筵醒客，夜语蓬窗，长啸空楼，冰弦戛指，可以佐欢解渴。"（明·文震亨《长物志·香茗》）

图 58-2　篆香轻燃、香烟袅袅

59. 茶席上要怎么插花?

一花一世界，一叶一菩提。

鲜花与茶叶的"罗曼史"，是茶引花香、花添茶味的花茶，也是席上的一瓶清雅高洁。

明朝袁宏道说："茗赏者上也。"（《瓶史》）品茗赏花，最是清雅。

若言香静气凝神，花则赏心悦目。

一枝独秀，或亭亭玉立，泠然出尘；或临波照影，楚楚动人。

数枝相依，或旁逸斜出，活泼可爱；或顾盼生姿，婉约多情。

花姿风情万种，茶境雅人深致。

花为节令之信使。一花一叶，都蕴藏着造物主的时间秘密。一年十二月，月月皆有月令花。浪漫的中国人，还给月令花封神，"男神""女神"皆有。

方寸之席，如何"拈花惹草"，自古有道。

应时、应景、应地。春兰，夏荷，秋菊，冬梅，人尽皆知。但"花花"世界何其广阔，可为清供者，不止于此。旧时交通不便，南花很难北上。袁宏道认为，取花宜就近、易得："入春为梅，为海棠；夏为牡丹，为芍药，为石榴；秋为木樨，为莲、菊；冬为蜡梅。"如今物流发达，全国各地乃至外国花材，都可轻松获得。若是户外布席，可就地或就近取材，花、叶、枝、果，

皆可插花。干花、干果、枯枝，也是造境佳材。

择器。根据花材的色、形、态及茶席主题来择器。瓶、盘、碗、罂、罐等瓷器，觚、尊、罍、壶、洗等铜器，以及竹筒、竹篮等竹器，皆可作花器。古人插花首推瓶，"春冬用铜，秋夏用磁"，忌有环、一律、成对、成列、以绳束缚，型以口小足厚为佳。瓶的器型，有胆瓶、天球瓶、观音瓶、葫芦瓶、梅瓶、纸槌瓶、玉壶春、蒜头瓶等，形态万千。

搭配。繁简、疏密、长短、高低、肥瘦、浓淡，应得当。如同作画，花材与花材，以及花材本身各部位之间，亦讲究构图。

花材取自草木，虽离开"母体"，也要尽可能保持天真自然，如花在野。

折花剪枝或许有悖自然，盆景则不然。菖蒲、兰花、文竹、铜钱草等植物，是席上"常客"。也有人用盏碗、碟盘、残壶等器，培植番薯、马铃薯、田七等块根植物，还有种苔养苔，生机盎然，别有一番韵致。

图 59　各式花器

60. 如何在茶席上展现四季之美?

"春有百花秋有月,夏有凉风冬有雪。若无闲事挂心头,便是人间好时节。"(宋·慧开禅师《无门关》)

一年有四季,每个季节有六个节气,共二十四节气。每个节气有三候,共七十二候。

"天地有大美而不言,四时有明法而不议。"(《庄子·知北游》)山川草木,花鸟虫鱼,哪怕有一个细微的变化,都能让人感知到时序轮转的美妙。

山峰烟岚,四时有别。

宋朝郭熙说:"春山澹冶而如笑,夏山苍翠而如滴,秋山明净而如妆,冬山惨淡而如睡。"(《林泉高致》)

同样的,在一杯茶中,亦能感受四季的浪漫与美好。

不同季节,阴晴雨雪,各有其美。

"若明窗净几,花喷柳舒,饮于春也。凉亭水阁,松风萝月,饮于夏也。金风玉露,蕉畔桐阴,饮于秋也。暖阁红垆,梅开雪积,饮于冬也。"(屠隆《茶说》)

一席茶的时光,细赏四时之美。

春宜绿茶。若晴好,或山中林下,或溪边湖畔,或园林庭院,布席邀客,玻璃茶器瀹泡,赏花赏佳茗,一饮江南春。

若微雨,燃一炉好香,泡一壶春茗,

图 60-1　春之茶席，严以茂《典雅之春》

图 60-2　夏之茶席，吴仁明《茶与自然》

握杯静品，聆雨打芭蕉，草色入帘青。

夏宜白、黄茶。或桐荫蕉风，竹林荷塘，或凉亭竹寮，或山房精舍，盖碗泡饮，清凉消夏。

茉莉花茶亦是佳选。夏夜，栀子或茉莉为瓶花，玉骨冰肌，花香满杯盏。蛙声蝉鸣中，不觉清风盈袖。

秋宜乌龙。若山居，可层林尽染，秋水长天，饮秋的清澈；若乡居，麦田稻田，菜畦果园，品秋的丰硕。

秋叶、秋花、秋头、秋月……把一缕秋色入壶，高冲低斟，细品慢啜，天凉好个秋！

冬宜红茶、黑茶或陈年白茶。或雪地里扫雪烹茶，或围炉煮茶。

竹炉初沸，茶烟袅袅。一瓶寒梅，疏影横斜，暗香频送，春已不远。

左上／图 60-3　秋之茶席，许梦莎《丰收与凋零》
左下／图 60-4　冬之茶席，张灿源《炉沸茶暖》

61. 如何用茶席烘托节日氛围？

除四季外，节日茶席也是中国人生活的诗意表达。

中国传统佳节有春节、元宵节、清明节、端午节、七夕节、中秋节、重阳节、腊八节等。近年来，传统文化的复兴，让一些几乎被遗忘的传统节日被重拾，如花朝节（农历二月初二、二月十二或二月十五）、上巳节（农历三月初三）、寒食节（清明前一日，也有清明前两天的说法）等，信佛者则有浴佛节（农历四月初八）。

比如，春节。时值隆冬，可选红茶、武夷岩茶、熟普洱、老白茶等茶性较温和的茶。可泡，亦可煮。小壶泡，小杯独啜。或邀约三五好友，围炉煮茶。席布宜红或暖色调，并适当搭配中国结、锦鲤布艺等饰品，花宜梅花、水仙、山茶、兰等，再放些花生糖、酥糖、蜜饯等茶食，展现出喜庆温馨的气氛。

又如，端午。茶品可选铁观音或冻顶乌龙清香型的乌龙茶，以盖碗或紫砂小壶冲泡，品茗杯可选素雅的花神杯，器型优美且聚香。燃艾草线香，摆菖蒲小品，波浪纹茶席布、箬叶作铺垫，香囊作配饰，粽子（甜粽为佳）作茶食，杨梅、荔枝等水果既可食用，亦可作清供。这些元素都

与主题相呼应。

再如，中秋。这一佳节茶席设计的发挥空间很广阔。除月饼外，也可选桂花红茶或桂花乌龙，呼应月圆。再有就是席上可摆放一些咏月诗词的书法作品，进一步突显主题。

布席有章法，却无定式。茶、器、香、花、饰等，皆是基本"语言"，应灵活运用，以内涵与创意连接，表达、呈现主题。

图 61　春节茶席
红色的席布、红色的茶杯，将春节的喜庆气氛烘托出来

62. 如何设计一张既好看又好用的茶席?

茶席是美与用的统一。苏格拉底也说,美在效用。

呈现茶席之美,应掌握以下几个原则。

主次。茶席上,主角永远是茶,茶器是最佳搭档,而焚香、插花、挂轴、配饰、茶食则为配角。茶器也有主次之分,茶壶、盖碗为主,公道杯次之,品茗杯又次之。一方优秀的茶席,应是主角与配角的完美配合,若配角太突出,则喧宾夺主。

简繁。席上的器物,有时不必面面俱到,多则繁杂。要有所取舍,学会做"减法",以少为多,以少胜多。另外,点缀也应适当。比如,以秋为主题的茶席,有枫叶,若再加麦穗,就画蛇添足了。

虚实。如同国画,布席也要留白,虚实相生,给人更多想象空间,也更有意境。

疏密。器物排列,应疏密有致,疏而不空,密而不乱,即"疏可走马,密不透风",才能气韵生动。

显隐。显与隐,即直白与含蓄。茶、器、物为显,境为隐。比如,背景可用一扇纯白屏风,用光将窗外竹影"引"入,投射其上,摇曳婆娑,意境悠远。

图 62-1　茶席设计,当简则简

图 62-2　茶席设计，注重色彩与材质的搭配

节奏。类似绘画、摄影，布席也讲究构图，只不过茶席是以茶、器、物为点，以一定秩序成线，点与线又组合成有节奏、有韵律的席"面"。器物自身有大小、高矮、长宽之别，器与器之间则有高低、里外、远近、轻重之分。构图不同，呈现出的美也不相同。比如，器物直线排列，端正平稳；排成斜线，就变得轻松活泼；排成曲线，曲则有情，迂回婉转；排成环形，则圆满圆融。当然了，也可适当变形与组合。另外，还可将色调、材质或风格相近的器物归到一角，井然有序。

搭配。有色彩搭配和材质搭配。席上色彩不宜过多，多则花哨，应根据创作需要来配色，以不超过三色为宜。材质上，金属、陶瓷、玻璃、竹木、棉麻等皆有，注意刚柔、冷暖、粗细、轻重、高矮、长短、大小等搭配。

呼应。席上各元素既相互独立，又彼此关联呼应，构成一个统一和谐的整体。比如，茶壶（壶承、盖置）、公道杯（茶滤）、品茗杯（杯托）之间，是功能呼应。又如，粉色波斯菊插花，与胭脂红釉盖碗，是色彩呼应。

63. 茶席如何设计更有创意?

创意,即创立新意,重在创造,立意新颖。

于写作而言,创意是"言前人之所未言,发前人之所未发"。于茶席设计而言,也应是承古开新、标新立异。

灵感多源。孟子说:"万物皆备于我。"文学、艺术、生活、自然,皆是灵感之源。而且,不同的人,即使对同一件事物,也有不同的理解与感悟。一句诗词,一幅书画,一山一水,一草一木,一段经历……都有可能成为触发灵感的"机关",正所谓"文章本天成,妙手偶得之"。以造化为师,以生活为师,以古人为师,胸中方可立万象,妙思方能如泉涌,恣肆于一方茶席上。

跨界创作。茶席设计是一门综合艺术,其基本构成要素皆可作为创意发挥与呈现的载体。因此,设计茶席,是茶学、香学、花艺、工艺美术、书画、文学艺术等多门类艺术的跨界创作。每个要素展开,

图 63-1　茶席设计,灵感多源,包玲静《姑苏一席春》

都是一门学问。比如，茶器，就包含了陶瓷（如紫砂壶、盖碗、茶杯等）、玻璃（如茶碗、茶杯、盖置）、金工（如银壶、铁壶）、漆艺（如盏托）、竹刻（如茶则）等多种工艺美术，配饰更是有着无限广阔的发挥空间。另外，茶人的别出心裁之处还体现在各要素的搭配与组合。无疑，这对茶人的知识面与审美力提出了高要求。

慧眼识美。在知名茶人李曙韵看来，茶人应具备"独立于名物之外"的"第三只眼"，去阅读、审视一件原本非茶用的器物，发现它的美与功能，然后为茶所妙用。对茶席设计而言，这只"慧眼"也同样适用。比如，酒瓶可作花器，古砖可作壶承或干泡台，饼模可作杯托……不拘一格，灵活运用。这些被"解锁"了新用途的器物，有的还是变废为宝，是超越，是升华，也是蜕变，在茶席上重放异彩。

图 63-2　茶席作品《曲水流盏》

图64 宋·刘松年《西园雅集》，台北故宫博物院藏

64. 古代怎么办茶会？

或林泉山野，或柴门荆扉，或幽寺古刹，或宫廷深苑，相会以茶。一盏香茗，可酬知音话聚散，亦可陶冶性灵发幽思。

山水茶会。山水，一般是文人墨客雅集结社之地。他们流连山水，笑傲林泉，在一盏清茗中品味快意人生。他们又借助茶会的纽带，与山水构建了微妙的联系，是意趣上的隐喻，是人生准则的标榜，也是精神境界的追求。

吟社茶会。同雅集如影随形的是结社。史上，"茶味"最浓的文人社团莫过于中唐时的"湖州文人集团"，汇聚了颜真卿、皎然、陆羽等多位文士。他们啜茗赋诗，以类似接龙的"联句"酬答唱和，如《五言月夜啜茶联句》就是传诵千古的"精华帖"。

寺院茶会。茗饮的传播与佛教的发展并行不

悖。自中唐起，寺院茶风的劲吹，推动了饮茶与戒律清规的结合，诞生了仪式感很强的茶会，并作为一种仪轨在寺院中推行。以"径山茶宴"为代表的寺院茶会，东传日本后，演变成独具日本民族文化特色的茶道、茶会形式。又如，无我茶会，不论名字形式，还是思想精神，都深受寺院茶会的影响。

宫廷茶会。《宫乐图》是唐朝宫廷茶会的一个缩影。十位雍容华贵的佳丽，围桌而坐，啜茗赏乐，在茶香与丝竹声中消磨深宫的寂寞无聊。相似的场景，也曾出现在英国维多利亚时代。衣裳华丽的贵太太们，悠闲地坐在窗边或伞下，静享下午茶的美好时光。宋朝最爱茶也最懂茶的皇帝宋徽宗赵佶，不仅邀群臣参加茶会（赵佶《文会图》），甚至还不惜放下九五之尊的身份，在茶宴上亲手为群臣点茶（蔡京《延福宫曲宴记》）。

斗茶。"斗茶味兮轻醍醐，斗茶香兮薄兰芷。"（宋·范仲淹《和章岷从事斗茶歌》）斗茶是两宋最火爆的"国民游戏"，平民百姓斗，文人雅士、帝王将相也斗。可以俗，也可以雅。斗茶之风，远播到日本，也毫无悬念地"火"了，一度成为上流圈层的流行时尚。

65. 办茶会只是为了喝茶吗？

茶会流传至今，形式越来越多元，所承载的文化内涵也越来越丰富。

有人说，茶会就像一个容器，既承古纳今，又融贯中西，还融汇了诗词、书画、歌舞、音乐、戏曲等多个艺术门类。

一杯茶，是人与人，也是心与心的相聚与相知。现代的茶会主题大致有十几种。

节日茶会。主要有春节、中秋等传统节日茶会，也有元旦、国庆、感恩节、圣诞节等现代节日茶会。

纪念茶会。为纪念重大事件、重要人物而办的茶会。比如，纪念抗战胜利、改革开放、香港回归等历史事件；纪念炎帝、陆羽等人物诞辰；纪念团体、组织等成立周年。

庆祝茶会。为庆祝结婚、生日、开业等喜事而办的茶会。以茶代酒，表达祝福，满是浓浓的人情味。

品鉴茶会。围绕品鉴新茶、新品、经典茶品等而办的茶会。此类茶会多由茶企举办，旨在品牌的宣传推广。

分享茶会。一些资深茶人，将自己收藏的茶品同茶友分享。既有交流性质，也有商业性质。他们分享的茶品，多为普洱茶，如"印级""号级"、年份普洱等。

艺术茶会。分两种。一种是将茶当作艺术品来创作、欣赏，如蔡荣章先生2010年创建的茶道艺术家茶汤作品欣赏会。另一种是茶与诗词、歌舞、音乐、戏曲等其他艺术形式结合，如苏州本色美术馆的"本色剧场"。这种茶会更像是艺术家雅集，文艺气息浓郁。

游学茶会。组织爱茶人到名胜古迹游学，并在其间办茶会，如茶界乃至文化界都有较大的影响力的云南茶人王迎新发起的"人文茶道"的"行走的中国茶"。

图65 一场宋风茶会，宋代妆容的女子怀抱琵琶轻弹奏

联谊茶会。为联络感情、沟通情谊而办的茶会。比如，《茶道》杂志主办的"茗读会"，每年新年，在全国多城、全球多国，不分国界、种族、肤色、信仰，在同一时刻，同品一道茶。

交流茶会。为交流茶道、茶文化而办的茶会，如国际"无我茶会"。

外交茶会。近几年来，茶在许多重大外交场合频频"出镜"，如中美宝蕴楼茶叙、中英钓鱼台国宾馆茶叙、中印武汉东湖茶叙……敬茶，不只是中国人待客之道，还是"和而不同"的传统智慧。

"云"茶会。当人们无法面对面交流时，可利用互联网在线上办茶会，打破空间、人数限制，也有线上线下相结合的茶会。

66. 如何办一场让人印象深刻的茶会?

茶会是以茶会友,共享佳茗,共赏茶文化艺术之美。

在日本茶道中,有"一期一会"的思想,提醒人们"难得一面,世当珍惜"。因为,世事无常,人生的每一个当下都不会重复。即使是再和同样的人,在同样地方,喝同样的茶,心情、天气等也都不同,所以与友人的每一次茶聚,都是一生中唯一的一次。

正因如此,每次茶会都是独一无二的。于茶会组织者来说,办茶会不仅要主题鲜明、突显创意、流程清晰、进行有序,更重要的是,应尽心尽力、诚心诚意。策划茶会一般从以下几方面考虑。

主题。主题是茶会中心思想,如同写作,主题定了,才能展开构思。

规模。通常10人以内为小型,10~30人为中型,30人以上为大型。

性质。明确茶会是单独办,还是属于某个活动的一个环节。

形式。有户外式、固定席位式、分组式、表演式及无我茶会等。

时间、地点。定好时间(时长)、地点(户外还是室内),以便发出邀请。

预算。明确各项开支,做到心中有数。

图 66-1 一席红色,一盏红烛,春节的喜庆气氛拉满

材料。茶、器及布席用的所有材料，还有桁架、横幅、指示牌、桌签等用品。另外，可将茶会流程制成茶帖（印刷或手书），供来宾了解。

流程。茶会流程的内容设计，各环节间的联系与衔接，正是组织者用心与创意的体现。

邀请。可制作电子邀请函，讲究者会制作精美的请帖，印刷或手书，予以寄送。

布置。主背景板、舞台、展示台、泡茶桌椅等布置，可用盆景、书画、屏风、装置艺术等作装点，并调试灯光、音响、烧水壶等设备。茶会中，如有表演，还应设休息准备室（区），以便有关人员化妆、出场和退场。

图 66-2 设计精美的茶帖

布席。按茶会形式，进行布席。可由组织方布置，也可公开征集席主。现在，不少茶会组织方在确定主题后，会邀请一些有影响力的茶人或艺术家担任席主。观众则须报名才能参加，人数通常有限制。

签到。设签到席，受邀者到会签到后入座，有的按抽签定座位。

后勤。负责迎宾、指引、泡茶用水供应及协调现场各事项，为茶会提供保障。

图 66-3　茶会是以茶会友，共享佳茗，共赏茶文化艺术之美

67. 何为无我茶会?

无我茶会,是一种茶会形式,也是一种茶道形式、一种茶道思想。1990年,由知名茶人蔡荣章先生在台北陆羽茶艺中心第一次发起。

不同于一人泡茶多人品饮或多人泡茶多人品饮,无我茶会提倡的是"人人为我,我为人人",人与人之间的互动与联系更强。另外,无我茶会也打破了人数限制,让史多的人参与享用"茶道"。

无我茶会的基本形式为,参加者围成圆圈就座,人人泡茶、人人奉茶、人人喝茶;抽签决定座位;依同一方向(向左或向右)奉茶;自备茶具、茶与泡茶用水;事先约定泡茶杯数、次数及奉茶方法,并排定会程;席间不语。

该形式体现了"无尊卑之分""无报偿之心""无好恶之心""无流派或地域之分""求精进之心""遵守公共约定""培养默契,体现群体律动之美"等精神。

无我茶会有"四美",即朴素美、平凡美、和谐美、律动美。

朴素美。简便,是与会者必须共同遵守的原则,约定不用珍贵、繁复的茶具,而用简便实用的旅行茶具。朴素沉稳,亦符合尚"俭"的茶道精神。

平凡美。与会者皆席地而坐,茶会流

图 67　国际无我茶会（摄于江西宜春百丈禅寺）

程简单平实。平淡中，见深刻。平凡中，显隽永。

和谐美。与会者不分男女、长幼、尊卑，皆按抽签定座位。无需指挥与司仪，大家遵守公共约定，茶无品类、地域、贵贱、好恶之分，泡茶方式不拘，只管把茶泡好，相互奉茶，恭敬有加，气氛融洽。

律动美。报到、抽签、入座、备茶备器、泡茶、奉茶、受茶、品茶、赏乐、收拾、合影，彼此心照不宣，配合默契，秩序井然，洋溢着群体律动之美。席间不语，微笑、点头、鞠躬，平静祥和，无声胜有声。

无我，是"懂得无的我"，"无"中才能生"有"。无我的"无"，是如七彩融合成的无色光线的"无"，纷杂的生命色彩借"茶"纯化为"无"。

茶空间之美

68. 何为茶空间？

中国人把茶从一种饮料喝成了一门艺术。不仅注重茶之色、形、香、味等感官体验之美，也注重茶境之美。

茶之境，可以是一方茶席，一间茶室，一座茶寮，乃至一座可花下坐饮茶的园林。更广阔者，莫如天地山水间。幕天席地，背山临水，汲泉煮茗，感知四季的无言之美。

茶境即茶空间，是一个品茶空间。晋煮、唐煎、宋点、明清泡，千年饮茶艺术之美，尽在一盏茶里。

茶空间，也是一个多种艺术交融的美学空间。香、花、书画、家具、琴瑟、古玩、造园等艺术，都通过一盏茶来连接、融合，美美与共。

茶空间，还是一个安放身心、陶冶性灵的栖息空间。明朝陈继儒说："闭门即是深山，读书随处净土。"（《小窗幽记·集灵篇》）这也同样适用于茶空间。斗室乾坤大，寸心天地宽。纵是斗室，也蕴藏着一片广阔天地。它让人可以在忙碌的生活中，借一杯茶，将心与林泉连接，回归本真，活成自己喜欢的样子。

图 68 茶空间是一个安放身心、陶冶性灵的栖息空间

69. 茶空间有哪些类型?

"茶空间"作为一个概念,古代并无确切的提法。但,不同形式的茶空间,却深植于日常生活,绵延千年。

或宫苑园圃,或山房精舍,或书斋别院,或僧房禅堂,或山村野店,或勾栏茶肆,还有专为茶而建的茶寮茶舍。华贵精美,幽静雅致,粗陋喧闹,风格虽不一,却拼贴出了活色生香的古代茶生活。

现代茶空间更是"乱花渐欲迷人眼"。小者如家庭、办公场所,或一方茶席,或一张茶桌,或一间茶室。可一人饮,亦可三五好友茶叙。

最常见的便是街头的茶店、茶庄、茶会所,既售茶,也设有茶室(包厢),扮演着"城市会客厅"的角色。还有茶楼、茶馆、茶艺居等,有的是清茶馆,有的还带餐饮、棋牌、曲艺(相声、评书、戏曲等)等休闲娱乐功能。

共享经济勃兴,许多城市还出现了"共享茶空间",让更多的人分享品茶的快乐。

在公园或景区,有茶亭、茶寮、茶屋、茶座等,可供游人休憩。茶庭园、茶主题酒店、茶民宿、茶博物馆、茶主题公园、茶文化创意园、茶主题特色小镇等则为更大规模的茶空间,是茶与文化旅游的结合。

图 69　书房里的茶空间
读书品茶两相宜

70. 中国人的茶空间造境思想是如何形成的？

茶被中国人发现、利用后，在相当漫长的一段时期内，文人们并没有对茶给予太多美学的审视。茶在他们心目中，或许只是一种"非主流"的饮品或是防病祛疾的良药，他们似乎更乐于在酒中抒怀寄情。

有唐一代，大江南北皆有植茶，茶日益流行，成为"比屋之饮"。文人们则左手茶碗，右手酒杯，在香茗醇酒中吟哦咏唱。尤其到了中唐，陆羽《茶经》的问世，开创了一套完整的茶叶生产技术与茶道美学体系。

尽管陆羽对茶空间着墨甚少，但这却是文人下意识地去创造茶境的先声。《茶经·九之略》中列举了几种饮茶"外境"：野寺山园、松间石上、瞰泉临涧、援藟跻岩、引絙入洞、城邑之中、王公之门。同时，不同的境，茶器的拣择繁简亦有相应的标准。

陆羽的茶境意识非无源之水，茶境在唐人诗文中总是会有意或无意地论及。譬如，陆羽的湖州"朋友圈"。以《五言月夜啜茶联句》为例，颜真卿、皎然、张荐、陆士修、崔万、李萼等六人月夜雅集，啜茶赏月，素瓷传静，皎洁的月光、清芬的茶香，涤尽了心尘；又如《喜义兴权明府自君山至，集陆处士羽青塘别业》所写，作为隐士茶仙陆羽的居所，青塘别业位于"身关白云多，门占春山尽"之地，且有竹、篱笆、钓溪，此境正是品茗佳处。

宋人在延续唐人趣味情致之同时，更注重境的营造，这从宋画中可见一斑。如赵佶《文会图》，其中的雕栏、翠竹、碧树、垂柳、园石营造出了皇家园林之境。画面中心是一张气派的茶桌，桌上美器佳馔铺陈，高朋围桌而坐，谈笑风生。目光往下平移，是一张相对简素的桌案，数位侍者茶童正紧锣密鼓地备茶。他们的忙碌同文士们的闲适形成了鲜明的对比。

园林"虽由人作，宛自天成"，反映了造园者的审美旨趣与境界追求。赵佶将茶会置于这样一片华丽铺张的皇家园林中进行，不仅是山水情怀的表达，更深层的寓意是表达网尽天下英才的愿望。相比之下，刘松年《撵茶图》中的园林则俭省得多，仅棕榈湖石而已。画中，人物亦有两组，亦是一闲一忙，一为读画清谈的文士僧侣，一为备茶的侍者。画作展现的是文人的雅趣闲情。

迫至明朝，饮茶方式的嬗变，除了体现在茶具种类的增多之外，还体现在茶境意识的增强。朱权认为，泉石之间、松竹之下，皓月清风、明窗静牖，都是啜茶佳境，可"探虚玄而参造化，清心神而出尘表"。许次纾更是详细地列举了24种宜饮茶的情境，如论场所的"儿辈斋馆""清幽寺观"等，论外境的"小桥画舫""茂林修竹"等，论天气的"风日晴和""轻阴微雨"，等等。更进一层的还有如"纸

图 70　宋·赵佶《文会图》（局部），台北故宫博物院藏

帐褚衾""名花琪树"等"良友"。此外，他还罗列了几种不宜饮茶的情境，如"大雨雪""阴室""酷热斋舍"等。

值得玩味的是，明人对境的要求还从景、物、事的安排扩展到对人的选择。许次纾以饮时有"佳客小姬"为宜，以"粗童恶婢""野性人"为不宜。对于共品的茶侣，陆树声只选四种人，即"翰卿墨客，缁衣羽士，逸老散人，或轩冕中超轶世味者"。于此，许次纾亦有四条标准，即"素心同调，彼此畅适，清言雄辩，脱略形骸"。由是观之，明人对茶境的创造可谓精益求精，甚至是事无巨细。这些，在今人看来，几乎无异于精神洁癖。但是，这确是明朝文人一种特立独行的精神姿态。

71. 中国古代的茶空间是什么样的？

茶空间，即品茶的场所，有室内与室外之分，其本质是境。

中国人饮茶素来注重"境"，由外而内，借外境之美，抵心境之美。换言之，通过寻找或营造的品茗环境，寻求心灵的愉悦与自在。

"茶"字拆开，"人"在"草（艹）木"间，隐隐中暗合着"天人合一""道法自然"的中国传统思想。"天"，代表自然及自然规律。茶，虽由人植，却生长在自然，采、制、饮，皆顺天应时。

因此，古人多钟情山水之境。茂林修竹、柳绿花红、流泉叠石、皓月清风、蕉雨松雪、鸟鸣虫唱……在无限广阔的自然空间中，借一盏茶，寄情山水。

茶亭、庭园、水榭、平台等开放式空间，轩房、书斋、山堂、茶舍、茶寮、寺观等封闭式或半封闭式空间，皆注重人与自然的和谐。

图 71-1 中国人对于品茗空间，不求大，但求美宋·佚名《槐荫消夏图》，签题王齐翰作，故宫博物院藏

"幽篁映沼新抽翠，芳槿低檐欲吐红。"（唐·鲍君徽《东亭茶宴》）

"绿阴天气闲庭院，卧听黄蜂报晚衙。"（宋·戴炳《赏茶》）

"朝随鸟俱散，暮与云同宿。"（唐·陆龟蒙《茶舍》）

明清文人更是极尽造境之能事，可谓"最强氛围组"。

明朝许次纾罗列了24种最宜茶的情形，如明窗净几、小桥画舫、荷亭避暑、名泉怪石等，清风明月、纸帐楮衾、竹宝石枕、名花琪树为"良友"。

对于品茗空间，不求大，但求美。或小寮，或斗室，或精舍，闭门即深山。

斗室虽小，但装备齐全。"内设茶灶一，茶盏六，茶注二，余一以注熟水。茶臼一，拂刷、净布各一，炭箱一，火钳一，火箸一，火扇一，火斗一，可烧香饼。茶盘一，茶橐（tuó）二，当教童子专主茶役，以供长日清谈，寒宵兀坐。"（明·高濂《遵生八笺》）

嗜茶如命的乾隆皇帝，拥有多个茶室，如"竹炉山房""千尺

153

雪""试泉悦性山房""清可轩"等。

有趣的是，明人对一起喝茶的人也有要求。

徐渭说："煎茶虽微清小雅，然要领其人与茶品相得。"（《煎茶七类》）徐燉则指明："饮茶，须择清癯韵士为侣，始与茶理相契，若腊汉肥伧，满身垢气，大损香味，不可与作缘。"（《茗谭》）

看来，人也是品茗空间的一部分。人不对，空间再美也枉然。

图 71-2　人，也是品茗空间的一部分
清·钱慧安《烹茶洗砚图》，上海博物馆藏

72. 文人茶空间是何时出现的?

明以前,文人的茶空间似乎都不独立存在。从诗文、绘画来看,僧房禅院、草堂茅庐、亭台楼阁、别业庭园、书斋厅堂等,都或多或少地发挥着茶空间的功能。尽管许多寺院中设有"茶寮"这样的独立饮茶场所,但其只是满足僧众解渴、宗教仪轨之需,不可视为严格意义上具有审美功能的茶空间。

真正"专业化"文人茶空间的出现,是在明朝,以陆树声《茶寮记》为标志。与其说《茶寮记》是一部茶书,不如说是一篇小品义,类似如今的一条"长微博"。全文不过寥寥500字左右,但信息量却不小,包含了茶寮的设计布局、茶器的选择、事茶人员的安排及茶寮中烹茶啜茶的感悟。

茶寮的构筑及内部茶境的营造,是主人思想境界、艺术趣尚及生活姿态的具象化。或独烹独啜,或约朋邀友,在自己精心建构的茶寮中品茗,也同样可以获得超然世外、逍遥自在的山水情趣。然而,晚明的文震亨很讨巧,茶寮挨着山斋而建,山水与茶室,"鱼和熊掌"兼得。

若想获知详尽的茶寮室内"装修"方案,还得找许次纾,他考虑得非常周全:"小斋之外,别置茶寮。高燥明爽,勿令闭塞。壁边列置两炉,炉以小雪洞覆之。止开一面,用省灰尘腾散。寮前置一几,以顿茶注茶盂,为临时供具。别置一几,以顿他器。旁列一架,巾帨悬之,见用之时,即置房中。斟酌之后,旋加以盖,毋受尘污,使损水力。炭宜远置,勿令近炉,尤宜多办宿干易炽。炉少去

壁，灰宜频扫。总之以慎火防蒸，此为最急。"（《茶疏》）

不过，较之"茶皇帝"乾隆的私人茶舍，许次纾的茶寮绝不算"高大上"。光是数量上，乾隆就睥睨史上和他一样嗜茶如命的宋徽宗，更不用说普通文人了。

乾隆的茶舍遍布各处行宫园囿，如"玉乳泉""清晖阁""清可轩"，清漪园"春风啜茗台"，静明园"竹炉山房"，香山静宜园"竹炉精舍"，香山碧云寺"试泉悦性山房"，西苑"千尺雪""焙茶坞"，盘山静寄山庄"千尺雪"，热河避暑山庄"千尺雪""味甘书屋"，等等。

他的私人茶舍集茶道、陶瓷、书画、园林、诗文等艺术之大成，早已不是当年明朝文人所推崇的那种"小寮""斗茶"，其数量之多、选址之佳、环境之美、营造之精，反映出乾隆独树一帜的茶道艺术品位和无人匹敌的帝王气象，堪称"前无古人后无来者"。然而，从某种意义上来说，这也折射出了绚烂至极的末世回光。

图 72 "不可一日无茶"的乾隆，其茶舍遍布各处行宫园囿
清·张宗苍等《乾隆皇帝松荫挥笔》，故宫博物院藏

73.现代茶空间设计有哪些新潮流?

同茶一样,古代茶空间设计理念,在今天依然历久弥新,并融入新时代的文化元素。

自然清新。大约十年前,不论是茶楼、茶艺居,还是家庭茶室,从装潢、家具到茶包装,都弥漫着奢靡之气。比如雕刻繁复的古典红木家具就很常见,有悖"俭"的茶道精神。近年来,自然素朴之风劲吹,竹、木、苇、纸、棉麻等自然或低碳材料被大量使用。有些空间的墙面干脆不作装饰,保留水泥或土坯原貌。这些材料和设计,洋溢着自然气息,为品茶增添诗情与浪漫。

素朴简约。素朴是不断做减法,以少为多,以无为有。除空间设计力求简洁大方、明快敞亮外,陈设也是疏朗有致,有大量留白,让心荡尽喧嚣浮躁,回归淡泊安宁。其实,素朴简约,正是宋朝的审美主流,是农耕文明和文人精神滋养下的产物,也是文化自信的表现。

化古为新。老宅、古民居、旧工厂等老建筑,经修缮改造,化身茶室、茶民宿等茶空间。这种"爆改",是化古为新,古为今用。既保留了原建筑的古香古色,又融入文化创意,让古建筑重获新生。这些建筑,是昔日的生活空间,镌刻着岁月

痕迹，承载着时光记忆，在茶香氤氲的现代生活中继续"生长"。

国潮怀旧。在茶空间中，通过装潢设计、场景布置、物件陈设、服饰等，高度还原某个年代或时期的生活场景，具浓郁怀旧风，带来沉浸式体验。

跨界混搭。"酒吧式""咖啡馆式"茶空间，是传统与时尚、中与西的巧妙混搭，使人耳目一新，尤受年轻人的喜爱。坐在吧台前，点一款茶，可由茶艺帅泡，也可自助，简单、轻松、有趣。另外，手冲壶、咖啡萃取机、胶囊咖啡机等咖啡具也为茶活用，实现茶咖融合。有的茶商更是请来电子产品体验店的设计师来打造茶空间，大胆地将咖啡、红酒甚至雪茄的消费习惯融入设计。

科技赋能。互联网、人工智能、VR（虚拟现实）等"黑科技"也越来越多地运用于茶空间。比如，有的茶门店，当顾客拉出放茶的抽屉时，相应的 LED 屏幕就会自动播放该款茶的视频介绍，科技感十足。

左／图 73　简洁大方、明快敞亮、陈设疏朗有致的现代茶空间

74. 一个唯美的茶空间应包含哪些元素？

茶空间，是一个生活美学空间。打造一个茶空间，既要展现美，也要贴近生活，不可顾此失彼。

茶空间不论大小、类型与风格，主要包含以下几个元素。

①茶家具。茶桌、茶椅，是最基本的配置。可视实际情况，增设烧水台、茶柜、多宝格、条案、花几等，有的还设琴案、棋枰、书桌、罗汉床等。其实，茶空间无需多大，一张小圆桌，两三把矮凳，一壶茶，就能让茶客拥有一段惬意时光。现在，还出现了一种集茶桌、茶柜功能为一体的移动茶车，乃一微型茶空间。

②茶席。由茶器、香具、插花、摆件、铺垫等组成。至于背景，如书画、屏风、装置等，既是茶席，也是茶空间的组成部分。

③门。在茶空间中，门的功能不只是区隔，也有很强的装饰性。门，可虚可实，亦可半遮半掩，虚实相生。比如，玻璃门，通透灵动，视觉空间更大；推拉式门，既节省空间，又可让空间变化与转换过渡自然；屏风式、折叠式门，开阖灵活，收放自如，尤是屏风式，本身也是一件艺术品。古典茶空间，多用雕花门；庭园式茶空间，有月洞门、八角门、汉瓶形门、海棠形门、葫芦形门、圭形门等诸多样式；禅意空间如山房、精舍等，以柴门、竹篱，或以竹帘、苇帘隔断。

④窗。茶空间的窗，主要有推拉窗、落地窗、天窗、悬窗等类型。除取光外，还可借景，将窗外的

图74 植物的装点会给茶空间增添几许生气

景色"引"入茶空间，四季风景，在窗前悬挂。因为有窗，可感知每天不同时候的光影变化。天光云影、朝霞暮云、日光月色、淅雨飘雪，一窗尽收。建在山水、园林或茶园里的茶空间多有落地窗，有的甚至就是玻璃房，山环水绕，花木扶疏，置身自然之境。

⑤装饰。书画、陶瓷、漆器、石雕、木根雕等艺术品（工艺品）皆可，也有奇石、朽木、树根等自然之物，妙趣横生；或古玩、老物件，更添雅韵。

⑥植物。植物的装点可让茶空间多几许生气。席上，室内，可插花，可盆景。室外，栽花、种竹、植树，花木掩映，绿影婆娑。

75. 古人居室的茶空间是什么样的?

"大隐住朝市,小隐入丘樊。"这份清静安适,无须归隐山林,在家中即可觅得。

不同于茶馆、茶楼、茶会所等公共空间,居家茶室是私享生活空间,不求大而全,但求美。

在灿若繁星的唐朝诗人中,白居易算得上很懂茶的一位,他除了自称"别茶人"外,还是一个快活自在的爱茶人。在他的诗中,虽未直接提及茶室,但他饭后醒罢都要喝茶,居所内必有一烹茶饮茶的空间。"食罢一觉睡,起来两瓯茶。""游罢睡一觉,觉来茶一瓯。""夜茶一两杓,秋吟三数声。"这样的生活状态很惬意。

白居易的茶空间里,"茶铛酒杓不相离",还有一张渌水琴、一瓯蒙山茶:"琴里知闻唯渌

图 75-2　在一杯茶中，寻一份安宁，求一份自在
明·文徵明《真赏斋图卷》（局部），上海博物馆藏

水，茶中故旧是蒙山。"（《琴茶》）于琴，他是知音；于茶，他是知己。琴之清泠，酒之放旷，茶之素淡，在他生活中实现了完美融合。"软褥短屏风，昏昏醉卧翁。鼻香茶熟后，腰暖日阳中。伴老琴长在，迎春酒不空。"闲卧、煮茶、晒太阳、抚琴、饮酒，如此快乐逍遥，他竟还觉得"可怜闲气味，唯欠与君同"！（《闲卧寄刘同州》）

垂暮之年，他在庐山香炉峰下建了一座草堂，作为终老之地。那里，清泉漱石，松竹成荫，猿啼鸟鸣，还有一片茶园正青青。

晚唐诗人皮日休、陆龟蒙唱和的《茶中杂咏》十首中，也有"茶舍"。茶舍就地取材，构于自然山水间："门因水势斜，壁任岩隈曲""阳崖枕白屋"。这样的茶空间，"朝随鸟俱散，暮与云同宿""相向掩柴扉，清香满山月"，"仙气"十足。

"烧香点茶，挂画插花，四般闲事，不宜累家。"这是吴自牧在《梦粱录》中提到的当时都城临安的俗谚。"不宜累家"，意思是家

庭经济条件若不宽裕，可不必过分追求"四般闲事"。也有人说，"累"应为"戾"，即应把这些事交给行家去做。但不论如何，能肯定的是，一方雅致的茶空间在宋人居室中必可不少。

元朝赵孟頫《真率斋铭》说："有酒且酌，无酒且止。清茶一杯，好香一炷。闲谈古今，静玩山水。不言是非，不论官府。行立坐卧，忘形适趣。冷淡家风，林泉清致。"斋如其名，返璞归真。

"凡鸾俦鹤侣，骚人羽客，皆能志绝尘境，栖神物外，不伍于世流，不污于时俗。"（明·朱权《茶谱》）明朝文士更是乐于香茗常伴，过一种清心寡欲、宁静自持的生活。他们的茶空间，或为居室书斋，或为精舍别院。

以书斋为例，文震亨认为："宜明净，不可太敞。明净可爽心神，太敞则费目力。""中庭亦须稍广，可种花木，列盆景……庭际沃以饭瀋，雨渍苔生，绿褥可爱。"从唐寅《事茗图》、文徵明《真赏斋图卷》中可看到书斋茶空间的大致模样：内部陈设颇简单，不过几案、椅凳而已。案上，茶器若干，一卷书，一幅帖。

晚明江南文人居所茶空间中的陈设更讲究。比如陈设茶器、香具、清供、文玩、文房等长物的桌案，功能不同，种类、形制也各不相同。比如，仇英《临宋人画册·羲之写照图》。画面中，一文士悠闲地坐于榻上。在他身后，一扇山水花鸟画屏，还挂着一幅自画像。手边的茶几，放着带盏托的茶盏、果盘，一童子正提壶斟茶。左下角是一只茶炉，纱罩中放着茶器。此外，还有清供、书桌、绣墩等陈设。虽不奢华，却很清雅别致。

"园居敞小寮于啸轩埤垣之西，中设茶灶，凡瓢汲罂注濯拂之具咸庀。"明朝文人也会在居所旁专门营造一个独立的茶空间——茶寮。陆树声《茶寮记》、许次纾《茶疏·茶所》中皆有详述。

著名作家林清玄说："人生真正需要准备的，不是昂贵的茶，而是喝茶的心情。"

家中茶室，正是为整理烦乱的心情、安顿疲惫的心灵而准备。在一杯茶中，人们可以偷得浮生半日闲，寻一份安宁，求一份自在。

图 75-3　晚明江南文人居所茶空间中的陈设颇为讲究
明·仇英《临宋人画册·羲之写照图》，上海博物馆藏

图 76　新中式商务茶空间

76. 商务茶空间有何特别之处?

商务茶空间，是现代都市生活的产物。它可以是独立的茶空间，如茶店、茶会所，其定位是"城市会客厅"。也有设在办公室、会议室、接待室等场所中的，以企业最多见。

商务茶空间，以茶为媒，以茶会友，以茶谋商，具商务洽谈、会议接待、团建、办公、休闲等多种功能。

品牌茶企连锁门店，是典型的商务茶室，兼带品牌展示和产品销售功能，具较强的品牌文化特色。

"新中式"是时下商务茶空间设计的流行风格。这是对传统的沿袭与承续，并非"依葫芦画瓢"式的生搬硬套，更不是堆砌铺排，而是中国传统元素与现代材料的碰撞与结合，是传承并创新。

新中式商务茶空间，以白、灰、黑为主色调，颇有国画中水墨的风韵，呈现出清雅含蓄、简约明快之美。其中，家具多为竹、木材质，明清样式，或用布艺沙发、椅凳等。在装潢上，一些空间则吸收借鉴了古典园林的设计元素，如枯山水、漏窗、洞窗等。

企业的商务茶空间，或设在总裁、高管的办公室，或设在办公区、会议室、会客室，是企业文化的体现。此类茶空间的设计风格，与企业所属的行业、企业领袖的个人喜好有关。

比如，喜欢传统文化的总裁，就会偏好新中式或仿古茶空间，有的还会给茶室取名。

从事互联网技术、汽车、广告、传媒等行业的企业，茶空间设计则可能注重凸显创意、个性与科技感，装潢、家具、茶器等均很现代，并融入品牌文化，有的还运用了现代化科技，增强感官体验。

77. 明朝文人如何营造文艺茶空间?

茶空间,汇聚了茶道、香道、插花、陶瓷、诗词、书画、琴筝(民乐)等多种艺术,本身就是一个文艺空间、美学空间。

明朝文人就是打造文艺茶空间的专家。

文震亨说:"有明中叶,天下承平,士大夫以儒雅相尚,若评书、品画、瀹茗、焚香、弹琴、选石等事,无一不精。"(《长物志·跋》)

所谓"长物",本指身外之物,饥不可食,寒不可衣。在这部闲书中,文震亨说:"花木、水石、禽鱼有经,贵其秀而远、宜而趣也;书画有目,贵其奇而逸、隽而永也……香茗有荀令、玉川之癖,贵其幽而暗、淡而可思也。"

陈继儒对这些"长物"的品评相当精彩。他说:"香令人幽,酒令人远,石令人隽,琴令人寂,茶令人爽,竹令人冷,月令人孤,棋令人闲,杖令人轻,水令人空,雪令人旷,剑令人悲,蒲团令人枯,美人令人怜,僧令人淡,花令人韵,金石鼎彝令人古。"(《太平清话》)

在他眼里,"净几明窗,一轴画,一囊琴,一只鹤,一瓯茶,一

图 77-1　明人热衷于营造文艺茶空间，意在求"闲"
明·文徵明《林榭煎茶图》，天津博物馆藏

炉香，一部法帖；小园幽径，几丛花，几群鸟，几区亭，几拳石，几池水，几片闲云"（《小窗幽记》）才是一个理想的文艺茶空间的样子。

于是，他"尝净一室，置一几，陈几种快意书，放一本旧法帖；古鼎焚香，素塵挥尘，意思小倦，暂休竹榻。饷时而起，则啜苦茗，信手写汉书几行，随意观古画数幅"。此外，他还"带雨有时种竹，关门无事锄花；拈笔闲删旧句，汲泉几试新茶"。文艺气息洋溢的洁斋雅室，体现的是主人淡然安闲的生活姿态。

明朝文士之所以热衷于营造文艺茶空间，皆为求"闲"。在雅室清苑中，安顿心灵，舒放性灵。

高濂对闲的定义是："心无驰猎之劳，身无牵臂之役，避俗逃名，顺时安处。"而闲"可以养性，可以悦心，可以怡生安寿"。他"焚香鼓琴，栽花种竹……坐陈钟鼎，几列琴书，帖拓松窗之下，图展兰室之中，帘栊香霭，栏槛花研"。这般闲事被他称为"燕闲清赏"。

许次纾更是制造饮茶气氛的老手。他在《茶疏》对茶"饮时"作了非常详致的罗列，共列了 24 种适合饮茶的场景：

心手闲适、披咏疲倦、意绪棼乱、听歌闻曲、歌罢曲终、杜门避事、鼓琴看画、夜深共语、明窗净几、洞房阿阁、宾主款狎、佳客小姬、访友初归、风日晴和、轻阴微雨、小桥画舫、茂林修竹、课花责鸟、荷亭避暑、小院焚香、酒阑人散、儿辈斋馆、清幽寺院、名泉怪石。

无所事事之闲事，乃疗俗之"良方"："心目间，觉洒洒灵空，面上俗尘，当亦扑去三寸。"（《小窗幽记》）

明人的文艺茶空间里，尽是浃髓沦肌的闲情雅致。即使在600多年后的今天，依然令人艳羡。

图 77-2　无所事事之闲事，乃疗俗之"良方"
明·仇英《人物故事图册》（竹院品古，局部），故宫博物院藏

78. 庭院茶空间有多美?

林语堂曾说:"宅中有园,园中有屋,屋中有院,院中有树,树上见天,天中有月,不亦快哉!"

"庭院情结"是中国人渗透到骨子里的浪漫。

造园如作画,泉石、花木、亭台、石径等,皆需巧思妙心来经营安排。

"虽由人作,宛自天开"是造园追求的审美旨趣。打造庭院茶空间亦如此,"天人合一"的思想贯穿始终。

"一卷代山,一勺代水。"一方庭院,叠山理水。包藏缩微的山水,芥子纳须弥。纵居闹市,亦得山水林泉之乐。

清朝张潮说:"艺花可以邀蝶,垒石可以邀云,栽松可以邀风,贮水可以邀萍,筑台可以邀月,种蕉可以邀雨,植柳可以邀蝉。"(《幽梦影》)

庭中,植嘉树,莳花草,养鱼鸟。

芭蕉几棵,可聆雨声;翠竹几竿,可引清风;丹桂几株,可赏红雨;苍松几棵,可闻松籁。

春有幽兰粉樱,夏有桐荫荷

图 78-1 一方别院,别有洞天
一壶清茶,藏纳乾坤

171

韵，秋有菊黄枫红，冬有腊梅山茶。花谢花开，叶荣叶枯，四时悄然轮转。

树下，花前，泡一壶茶，燃一炉香，插一瓶花，抚一曲琴，读一卷书，赏一幅帖，时光漫漫，岁月悠悠。

晴时，闲坐庭前，汲泉煮茶，看日移花影，听鸟鸣啁啾，观游鱼嬉戏。若有月，挹月瀹茗，对月抚琴，琴韵、茶香、月色，交融在幽幽清夜。

雨时，瓦檐下，茅亭里，焚香啜茗。阶前，有苍苔点点；池中，有涟漪圈圈。雨滴轻弹，更添几分清寂。

雪时，纷纷雪落，铺满庭院。萧索之中，有梅二三，绽放枝头，积雪皑皑，暗香盈盈。折梅插花，扫雪烹茶。阅史读诗，围炉茶话。

一方别院，别有洞天。一壶清茶，藏纳乾坤。

日月、阴晴、雨雪、四季、山水、冷暖……造化之美，看似无声无息，却在一花一木、一砖一瓦、一壶一盏中尽情吐露，别具生趣。

图78-2　竹，从山间走向居所，是中国人精神世界里美与品格的化身

79. 古今茶馆（茶楼）是如何演变的？

如同咖啡馆之于西方，茶馆是中国人雅俗共赏的公共生活空间。

在中国，茶馆的历史超过千年。唐中期，饮茶之风在寺院盛行，并流播民间，"自邹、齐、沧、棣，渐至京邑，城市多开店铺，煎茶卖之，不问道俗，投钱取饮"（封演《封氏闻见记》），茶馆已初具雏形。

宋朝，茶肆、茶坊，在城市中更是星罗棋布，是城市生活的重要组成部分。汴京、临安，作为北宋、南宋的都城，茶馆业相当发达，即使在夜间也灯火通明。这一时期的茶馆经营范围也更广，不仅卖茶，还兼卖饮料、酒食，还有的可住宿。另外，乡村市镇，茶肆之盛也毫不逊于城市。

到了明清乃至民国，茶馆的形式与功能渐趋多元。有清茶馆、野茶馆、大茶馆、书茶馆、棋茶馆、酒茶馆、茶园（戏园）、茶摊等。

地域不同，风情与韵味也各异。北京茶馆的京味儿，川渝茶馆的江湖气，上海茶馆的兼容并蓄，杭州茶馆的清丽优雅，苏州孵茶馆的悠然自然，广州茶楼的烟火气，香港茶餐厅的中西合璧，拉萨甜茶馆的民族风……一壶茶的时光，有滋有味。

小茶馆，大社会。茶馆，包罗万象，汇集三教九流，演绎世间百态。有人解渴充饥，有

图 79　宋代茶楼、茶馆兴盛
北宋·张择端《清明上河图》（局部），故宫博物院藏

人谋生求财，有人休闲放松，有人寻欢作乐，有人吟风弄月，有人议论是非，有人打探消息，有人观察世相，有人纾解纠纷，有人秘密结社……嬉笑怒骂，恩怨情仇，勾心斗角，尔虞我诈，轮番上演。老舍的《茶馆》，便是一幅茶馆风情画。茶馆还曾扮演过中共地下党组织情报站和联络站的角色，如样板戏《沙家浜》里的春来茶馆。

当代的茶馆，传统与现代，中式、日式与西式，风格不一，而它所扮演的角色更是多样。

在茶馆，可商洽会友，是家以外的"会客厅"；可享美食、玩棋牌、听相声评书、看戏，是放松身心之所；可办茶会、雅集、展览、讲座、培训，是文化交流与传播的平台；有香、花、书、画、琴、棋，还有美器、美席等美物，是生活美学空间。一些茶馆，由古建筑改造而成，还发挥着保护文物、旅游等作用。

茶馆，是一种生活方式。

茶书画之美

80. 茶主题书画有哪些？

茶，从寂静的山野，来到喧闹的世间，进入人类的生活。

它既是一剂良药、一道菜肴，也是一种解渴提神、抚慰身心的健康之饮。

自它与文人相遇相知的那一刻起，就被赋予了文化韵味与艺术气质，深植在中国文化的深厚土壤中，渐渐生长。

或赋诗作对，或填词著文，或笔墨丹青，文人在细品一盏茶的清香醇味时，会融入他们对自然、对人生的理解与感悟。

从"四般闲事"（焚香、点茶、挂画、插花）到"文人八雅"（琴、棋、书、画、诗、酒、花、茶），诗词、文赋与书画，从来都是相互缠绕，相互交融，不分彼此。

图 80　香茗与翰墨素来是"琴瑟合鸣"

阎立本、周昉、怀素、蔡襄、苏轼、黄庭坚、米芾、赵佶（宋徽宗）、刘松年、钱选、赵孟頫、沈周、祝允明、唐寅、文徵明、仇英、徐渭、陈洪绶、金农、郑板桥、钱慧安、吴昌硕、齐白石、潘天寿、丰子恺、汪曾祺……

他们是骚人词客，或书法家、画家，也是爱茶人，更是生活的艺术家。

他们用手中的奇墨妙笔，将茶所蕴含的种种美好，在纸张或绢帛上，恣意挥洒、呈现，使品茶成为一门感官与心灵皆可品赏的艺术。

篆书、隶书、楷书、行书、草书、行楷、行草，人物画、山水画，院体画、文人画，壁画，漫画……在墨趣画韵中，皆蕴藉着沁人的茶香。

或风雅闲适，或快意潇洒，或沉郁感慨，或意味深长，或妙趣横生，或市井烟火……在黑白与丹青之间，我们看到了千百年前鲜活、生动的茶生活场景。

他们也在挥毫啜茶中发现了笔墨与茶的微妙关联，如苏轼《书砚》："真书患不放，草书苦无法。茶苦患不美，酒美患不辣。"

与书画形影不离的篆刻，涉茶题材也不在少数。文人的闲章，或咏茶诗句、隽语，或以茶命名的别号、斋号，方寸之间，无不满溢着诗情茶韵。明人沈野还将印与印泥的关系，比作茶与水。他说："印固须佳，恐印色复不得恶。如虎丘茶、洞口荠，必须得第一泉烹之。"（《印谈》）

泛黄的纸素上，袅袅茶烟，流光悠悠，那是属于中国人的风流蕴藉。

81. 两汉魏晋有哪些茶书法？

文字，是人类文明的标志之一。除用于记录、表达、交流外，在中国还成为一门独立的艺术。

鲁迅先生认为汉字有"三美"：意美以感心，音美以感耳，形美以感目。其中，"形美"与书法关系最密切。书法，即汉字形体的艺术化，是书写者融入个人思想与感情，呈现出的富表现力的创作。

汉字的产生，源于生活，又反映、记录生活。茶，被中国人发现和利用，并进入生活，从"茶"字的嬗变就可窥一斑。

浑厚朴拙的秦汉古印，常见"茶"字，有时指茶，有时又另有所指；长沙马王堆汉墓出土的竹简遗册，有"槚笥"字样，此书体被称为"竹简体"；东汉《张公神碑》有隶书"茗"字。

这些吉光片羽，虽不能确定就是指茶，但陆羽《茶经》将这些都列为茶的别称："一曰茶，二曰槚，三曰蔎，四曰茗，五曰荈。"也正是《茶经》的问世，最终将"茶"字确定下来，延续至今，其发音还随着茶走出国门，变成其他国家（地区）的新词。

真正算得上茶书法作品的，恐怕当数西汉黄门令史游所撰的《急就章》（又名《急就篇》），历代有多位书家传写。这

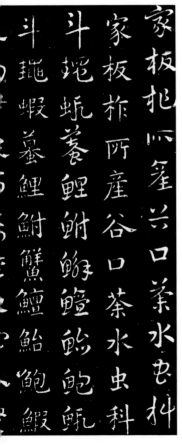

图81　汉·史游《急就章》
上海博物馆藏

是一本儿童识字教材，现存最早写本，相传为三国吴时的皇象所书。因年代久远，今仅存石刻，又以明朝"松江本"最有名。

皇象尚篆、隶，最工章草，时人称为"书圣"。唐朝张怀瓘评其章草为"神品"。

《急就章》因用章草书写，也因汉章帝所好而得名。里面有这么一句："板柞所产谷口茶。"此处的"荼"是指茶，至于"板柞"是何处，就不得而知了。《急就章》中提及产茶地仅此处，有专家考证，大致在今天陕川交界地区，这一带至今仍有产茶。

82. 唐朝茶书法代表作有哪些？

唐朝，是举世公认的文化盛世。茶道大行，诗歌、书法、绘画等艺术亦是绚烂繁盛。

怀素的《苦笋帖》就是一件茶书法珍品。这是一通手札，其书云："苦笋及茗异常佳，乃可径来。怀素上。"

2行共14字，比今天的微博文案还简练，大意是：我这儿的苦笋、茶都非常好，可直接来！

怀素（725—785，一作737—799），字藏真，是"大历十才子"之一的钱起之侄。怀素的书法狂傲不羁，与张旭齐名，称"颠

图82　唐·怀素《苦笋帖》
上海博物馆藏

178

张醉素"。

其代表作兼"简历"、被誉为"天下第一草书"的《自叙帖》，内容也是相当"狂"，有大半内容是当时社会名流对他的赞赏。不得不说，怀素很懂得发挥"名人效应"，用名人来"包装"自己。

相比之下，《苦笋帖》飘逸潇洒，毫不张狂。此帖收获了后人的盛赞。

黄庭坚说："怀素草，莫年乃不减长史，盖张妙于肥，藏真妙于瘦，此两人者，一代草书之冠冕也。"（《山谷集》）

明朝项元汴评曰："其用笔婉丽、出规入矩，未有越丁法度之外，畴昔谓之狂僧，甚不解。其藏正于奇、缊真于草、含巧于朴、露筋于骨，观其以怀素称名，藏真为号，无不心会神解。"

清朝吴其贞《书画记》评曰："书法秀健，结构舒畅，为素师超妙入神之书。"

怀素也是"茶圣"陆羽的好友，陆羽曾为他作传。传记中"屋漏痕""壁坼之路"等提法，乃中国书法的经典用笔技法。另外，他们的"朋友圈"里还有楷书四大家之一的颜真卿。

《苦笋帖》寥寥数字，纸短情长，洋溢着怀素期待友人来访的盛情。

一碗苦笋，一盏清茗，君子之交就是这样淡如水。

另外，还有一篇敦煌变文《茶酒论》，也可当作一卷茶书来品赏。该文由"乡贡进士"王敷作。作者将茶酒拟人化，以一问一答的形式，展开激烈讨论，最后由水来调停。文中"茶"字的结构很独特，为上"共"下"木"，值得书法爱好者们细品。

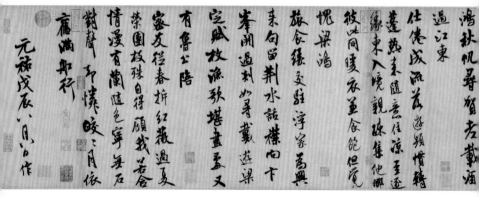

图 83-1　宋·米芾《苕溪诗卷》，故宫博物院藏

83. 宋元茶书法代表作有哪些？

　　承续隋唐，宋朝茶文化莫不"盛造其极"，书法亦是群星闪耀。最具代表性与影响力的就是北宋"四大家"，即蔡襄、苏轼、黄庭坚、米芾。

　　宋书法"尚意"，以韵趣见长。这些名家字写得好，对茶道也精通，"奇茶妙墨俱香"。

　　蔡襄，字君谟，曾任福建路转运使，督造贡茶，著有《茶录》。其书法造诣，且不说后世"圈粉"甚众，在他自己的"朋友圈"里就很有名。

　　《北苑十咏》是茶、诗、书的佳作。这组诗由《出东门向北苑路》《北苑》《茶垄》《采茶》《造茶》《试茶》《御井》《龙塘》《凤池》《修贡亭》等十首

图 83-2　宋·蔡襄《自咏诗帖·即惠山泉煮茶》，故宫博物院藏

将之苕溪戏作呈
诸友
襄阳漫仕黻
松竹留因夏溪山去为
秋久赍白雪咏更庆采
蒌蒿缘岸金鲫荐稻孙
园金橘满洲水宫无限
景戴与谢公游
花懒倾惠泉酒照尽
丰岁依仍好竹三时香又好
松源茶主席
攀桂不详朝来群
奉侠起败单
诸公载酒不辞而余以彦每纳
清话而之信书刘李三杯
好懒难辞萧知馀会
通贲非理生枇杷觉养心功
小圆径寸客青冥不厌

诗组成，系蔡襄在建安北苑督造贡茶时所作、所书。诗以行书写就，字字尽显其清新隽秀、气韵生动之质。而且，这组诗深具史料价值，通过诗句的描写，可一睹千年前北苑茶山、贡茶产制之风貌。

关于此作，梅尧臣有诗赞曰："纸中七十有一字，丹砂铁颗攒芙蓉。光照陋室恐飞去，锁以漆箧缄重重。"（《得福州蔡君谟密学书并茶》）

《茶录》是宋朝重要茶著，也是蔡襄书法代表作之一。全书以小楷写成，明朝宋珏的《古香斋宝藏蔡帖》留有其刻本。欧阳修评曰"劲实端严"，明朝方时举更是盛赞："公书方整八法俱，荔谱茶录绝代无。"（《观蔡忠惠墨迹诗》）

另，《即惠山泉煮茶》《思咏帖》《精茶帖》《扈从帖》等书迹中，亦可睹蔡公书法之风采。

苏轼，字子瞻，号东坡居士。他在文学、书法、茶文化上皆青史留名。《啜茶帖》（又名《致道源帖》），用墨丰赡而骨力洞达；《新岁展庆帖》，"如繁星丽天，照映千古"，也是研究宋朝茶器的一篇文献；《一夜帖》（又名《致季常尺牍》），质朴敦厚，笔画丰腴。

黄庭坚，字鲁直，号山谷道人。《奉同公择尚书咏茶碾煎啜三首》以行楷为主，中宫严密，宽博舒展，清雅温润，并无其招牌式的"长枪大戟"。

米芾，字元章，有"米南宫""米癫"之别号。他诗、书、画、印四全，其书法，苏轼评曰"风樯阵马，沉着痛快"，黄庭坚评曰"如快剑斫阵，强弩射千里"。他亦好名茶清泉，每有客至，烹茶谈书论画。《苕溪诗帖》有"点尽壑源茶"句；《道林帖》有"茶细旋探檐"句；《垂虹亭》有"好作新诗寄桑苎"句，咏怀陆羽。

另有赵令畤《赐茶帖》，平实不失灵性，颇有苏轼风韵。

陆游，茶诗颇丰，传世茶书迹很少，《上问台阃尊眷》有"新茶三十胯"语。

宋室后裔赵孟頫乃元朝书坛"盟主"，曾写《苏轼古诗卷》，有"我欲仙山掇瑶草，倾筐坐叹何时盈。簿书鞭扑昼填委，煮茗烧栗宜宵征"句。

图 83-3　宋·苏轼《啜茶帖》（又名《致道源帖》），台北故宫博物院藏

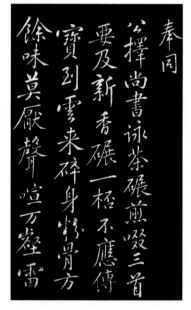

图 83-4　宋·黄庭坚《奉同公择尚书咏茶碾煎啜三首》（局部）

84. 明朝茶书法有多美？

明朝朱权说："凡鸾俦鹤侣，骚人羽客，皆能自绝尘境，栖神物外，不伍于世流，不污于时俗。"（《茶谱》）这是明朝文人茶书画的基调。

翰墨丹青里，是香茗点染的闲趣雅兴，也是对精神自由的追逐。

论明朝美术，"吴门画派"（"吴派"）绝对绕不开。沈周、唐寅、文徵明、仇英是代表人物。此四家虽以画笑傲艺坛，但书画同体，书迹中的茶韵莫不雅人深致。

沈周，字启南，号石田，"吴派"开创者。其书师法黄庭坚，遒劲奇崛。画作《醉茗图》题有一诗："酒边风月与谁同，阳羡春雷醉耳聋。七碗便堪酬酩酊，任渠高枕梦周公。"惜已佚。

唐寅，字伯虎，号六如居士。传世茶书迹不多，他晚年书《行书诗卷》，有一首《夜坐》："茶罐汤鸣春蚓窍，乳炉香炙毒龙涎。"语句透着暮年的悲凉，而笔力丝毫不减，可见其深厚功力。相比之下，《事茗图》的题画诗"日长何所事，茗碗自赍持"则清朗许多。

文徵明，楷、草、隶、篆皆精

图 84-1　明·文徵明《山静日长》卷（局部），湖州市博物馆藏

183

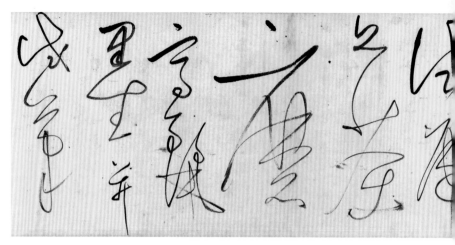

图 84-2　明·董其昌《试墨帖》（局部）
日本东京国立博物馆藏

妙。他爱茶，也钻研茶，考证蔡襄《茶录》，著《龙茶录考》。茶书法有行书《山静日长》卷，乃录宋朝罗大经《鹤林玉露》小品；《游虎丘诗卷》，运笔苍健，取势开阔；《茶具十咏图》之书富逸趣，尽得陆龟蒙的诗意与情境。其长子文彭，字寿承，号三桥。他"善真行草书，尤工草隶，咄咄逼其父"，且尤擅治印，为文人篆刻开宗立派者。草书《卢仝饮茶诗》，闲散但不失章法，笔力清健；《致钱毂札》乃手札，邀友品茶赏书画，用笔行云流水，闲适散淡。

"吴派"的概念最早由董其昌提出，其草书《试墨帖》是酒后随兴之作，有"试虎丘茶"句。此作结体取怀素《自叙帖》，又别出心裁，笔墨淋漓，狂而不怪，草而不乱。

宋克，字仲温，自号南宫生，与宋璲、宋广并称明初书法家"三宋"。尤工章草，深得晋人之法，笔力清峭劲拔，有行草书《七碗茶歌》。

陈继儒，字仲醇，号眉公、麋公。书法师苏轼、米芾，萧散秀雅。他很博学，旁收博采历代茶事逸闻，著有《茶话》《茶董补》。

184

他的行书，如其散文小品，清婉雅致，自然洒脱。行书《东坡先生语录》，有"茶苦患不美，酒美患不辣"句；行书《七言绝句轴》，有"茶后香前图一觉，深松细雨叫黄丽（鹂）"句。

徐渭，字文长，号青藤道人。他曾自谓："吾书第一，诗二，文三，画四。"其书标新立异，袁宏道称其为"八法之散圣，字林之侠客"。他曾仿陆羽撰《茶经》一卷，已佚。传世的《煎茶七类》，也是茶著书作之"双璧"。此作融米芾、黄庭坚、倪瓒书法之神韵，笔画劲挺腴润，线条飘逸流畅，布局潇洒又不失严谨。他还有 行书词作《鹧鸪天·竹炉汤沸火初红》，挥洒自如。

85. 清朝茶书法有哪些经典之作？

清朝虽由满族掌权，但很重视汉文化。入关前，就有饮茶之习，入关后更是与汉文化深融。贡茶品种之多，茶器之华美，茶宴规模之大，乃历代所不及。

皇室贵族皆爱饮茶，乾隆皇帝更是"君不可一日无茶"，写了许多茶诗。茶滋养了文人精神世界，也越来越接地气，成为百姓"开门七事"之一。

在文人笔下，高雅与世俗，华贵与素朴，相互交织。

"扬州八怪"是清朝中期活跃在扬州的一批文人群体，其书画风格相近，且不走"套路"。金农、郑燮、黄慎、汪士慎等，茶书作别具一格。

金农，字寿门，号冬心先生，"扬州八怪"之首。自创"漆书"，扁笔书体，兼有楷、隶体势，《玉川子嗜茶帖》便是其代表作；隶书轴《述茶》《双井茶》，以方笔为主，方中见圆，笔沉墨实，且用"飞白"笔法，于沉稳谨严中添几分灵动。

郑燮，字克柔，号板桥。书以行草见长，又将篆隶行楷草相融，自谓"六分半"书，有人将其形容为"乱石铺街"。《竹枝词》轴，有"溢江江口是奴家，郎若闲时来吃茶"句；另有茶联"墨竹一枝宣德纸，香茗半瓯成化窑"；南字行书轴，有"道人问我迟留意，待赐头纲八饼茶"句。此作巧融兰、竹笔意，分行布白，疏密相间，错落有致。

黄慎，字恭寿，号瘿瓢子。书法师"二王"，更得怀素笔意，从章草蜕化而出。初看点画纷披，字形难辨，细赏则散而有序，如疏影横斜，苍藤盘结，字中有画。草书《山静日长》八条屏，较之文徵明同名作，大气磅礴，用笔枯劲，雄浑飞动；草书《七绝》有"夜深雪水自煎茶，忽忆山中处士家"句，此作笔力遒劲，顿挫分明，刚柔相

玉川子者茶見其所賭茶歌劉松年畫此所謂
破屋數閒一婢赤腳舉扇向火竹爐之湯未熟
長須之奴復負大瓢出汲玉川子方倚桉而坐
俔百松風以俟七椀之人口可謂妙于畫者矣
茶未易亨也予嘗見茶經水品又嘗受其法于
高人始知人之亨茶率皆漫浪而真知其味者
不多見也嗚呼安得如玉川子者與之譚斯事
夫

稽留山民金農

图 85-1　清·金农《玉川
子嗜茶帖》，浙江省博物
馆藏

济，富韵律美。另，画作《仙女执梅图》款识有"曾记夜深煎雪水，牙痕新月剩团茶"句。

汪士慎，字近人，号巢林，是"八怪"中最爱茶也最懂茶者，人称"汪茶仙"。亦是"八怪"之一的高翔曾为他作《煎茶图》及汪氏小像。他曾言："饭可终日无，茗难一刻废""平生煮泉百千瓮"。他54岁左眼失明，后双目失明，医者言其饮茶过量所致，实则是用眼过度。汪士慎善隶，清劲爽朗，楷行亦含隶意。其八分书，力追汉碑、画像石题字，古拙厚朴。目盲后，乃作狂草。隶书《幼孚斋中试泾县茶》条幅，笔画动静相宜，方圆合度，结构精到，气韵生动。另有隶书茶联"茶香入座午阴静，花气侵帘春昼长"，笔迹率真，恬淡舒朗。

朱耷，即八大山人，擅行书、行草。行书《七言诗轴》，有"洗研焚香自煮茶"句。

丁敬、蒋仁、黄易等篆刻名家，亦有茶书作。比如，丁敬《论茶六绝句》行书诗卷，饶有金石气。

图 85-2　清·汪士慎《幼孚斋中试泾县茶》扬州博物馆藏

86. 近现代茶书法有哪些可圈可点之作？

元朝杨维桢以拟人手法，将茶塑造成一位品行高尚的"清苦先生"："为人芬馥而爽朗，磊落而疏豁，不媚于世，不阿于俗……惟先生以清风苦节高之。"它的形象，亦是近现代文人的生动写照。

清末以来，中国遭遇了"三千年未有之大变局"。西方的船坚炮利，让人们从"天朝上国"的美梦中幡然醒悟，文人们

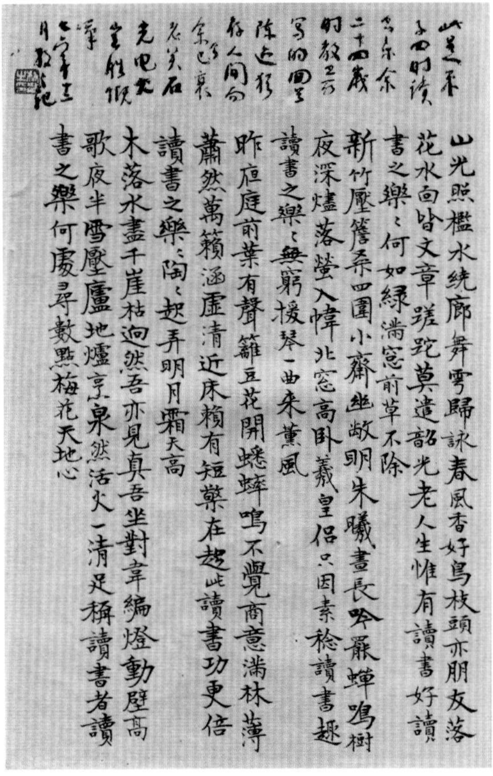

图 86-1　林散之《四时读书乐》
马鞍山林散之艺术馆藏

也纷纷开始反思、重新审视中国传统文化。

虽内忧外患，战乱频仍，但他们依旧不改书生本色，忧国忧民，坚守独立之人格，捍卫精神之自由。笔墨间流淌的茶情雅韵，生出几多风骨。

吴昌硕，字仓石，号朴巢、缶庐等，亦以诗书画印"四绝"而名重艺坛，并任西泠印社首任社长。其书法以篆书为主，自书诗、题画诗则多为行书。其行书用笔老辣，不事雕琢，并融入篆书的笔意。而且，笔笔倾斜，倾而不倒，笔笔飞白，神采飞扬。

1905年，他应友人所请书《角茶轩》篆书横披一幅，笔法源于石鼓文。款识为行草，陈述"角茶"典故，乃宋朝金石学者赵明诚与女词人李清照在归来堂"赌书泼茶"之趣事。

吴昌硕爱梅，与宋朝的林逋乃千年知音。他也爱茶，写梅的画作中常见茶、梅同框，如《煮茗图》《品茗图》。另有一首画梅诗，末两句为"请君读画冒烟雨，风炉正熟卢仝茶"。《群燕》题画诗中亦有"画成黏壁且自读，风炉正熟卢仝茶"句。在一幅《兰花图》中还题道："兰生空谷……沃以苦茗，居然国香矣。"

齐白石，字濒生，号白石。其茶书作多在画作落款中。他师法唐朝李邕及清朝何绍基、金农、郑燮，用笔如刀，笔笔老

写罢茶经踏壁眠古藤香嫋一丝烟目游瘦石枯槎上心寄
寒秋老翠边林姿岚态各争奇畀道中分万磴披锦绣
图开云过处应为工部句成时
汉泉先生 属篆
辛未秋日黄宾虹书

辣，多见行草，篆书大开大合，富阳刚之气。

黄宾虹，字朴存，号宾虹，山水画一代宗师，并与白蕉、高二适、李志敏合称"20世纪文人书法四大家"。其行书恣意洒脱，线条灵动；篆书圆健浑厚。楷书自撰五言诗《宛陵道中》，有"鼎沸茶初煮，炉香栗自煨"句；行楷《七绝二首》，有"写罢茶经踏壁眠，古藤香袅一丝烟"句。

林散之，名以霖，字散之，号三痴。其大器晚成，草书自成一派，笔墨干湿、浓淡、明暗富节奏感，虚实相生，气韵高古，独具飘逸美，人称"林体"，与另一草书大家李志敏并称"南林北李"。24岁时曾作《四时读书乐》，有"地炉烹泉然活火，一清足称读书者"句。此作正文为楷书，骨力十足，又不失洒脱，题跋为草书，楷、草相映成趣。

文学家汪曾祺的茶书法亦可圈可点。行草《岂止七碗不让卢仝》，写得古拙散淡。他还为湖南桃源擂茶题诗一首："红桃曾照秦时月，黄菊重开陶令花。大乱十年成一梦，与君安坐吃擂茶。"

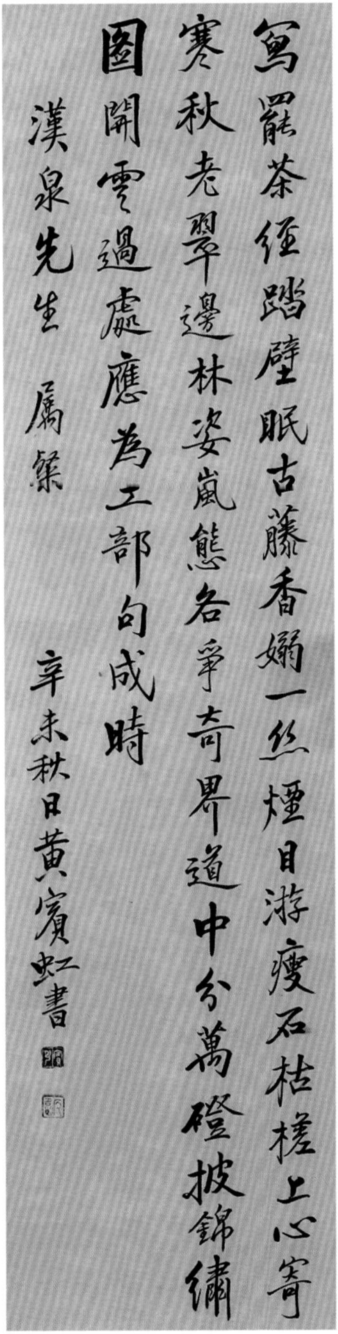

图86-2 黄宾虹行楷《七绝二首》立轴
图片采自"北京传是 2012 秋季拍卖会"

87. 唐朝茶画有哪些传世佳作？

茶画是茶生活的反映。文献、文学作品、出土茶器固然也能呈现某个时期茶生活，但都远不如画来得具象直观。

发明摄影术前，一幅茶画，就包含了茶生活的诸多细节：茶、器、席、空间、饮茶方式以及审美意趣。而且，有限的平面空间里融入了诗、文、书、印等艺术。

最早的茶画，有人说是长沙马王堆汉墓帛画，有侍女"奉茶"画面。另，四川大邑汉画像砖也有"饮茶"场景。然而，画中所示是茶是酒抑或其他饮品，并无充分证据，仅猜测而已。

晋朝顾恺之《列女仁智图》中，灵公夫人与灵公席地而坐，面前有若干杯盏。夫人身后左侧有一炉，炉上置一鼎，鼎中有一勺，若泪泪有声。从器物看，再结合魏晋盛行的煮茶，这一幕很可能是夫妇对坐饮茶。

目前，较为公认的史上首幅茶画是唐朝阎立本《萧翼赚兰亭图》，原作已佚，现传世的为宋摹本。

图87-1　唐·阎立本《萧翼赚兰亭图》（现有三本宋摹本，分别藏于辽宁省博物馆、台北故宫博物院和故宫博物院）

图 87-2　唐·青瓷托碗

　　此画据唐朝何延之《兰亭记》所作，再现了千年前的一场骗局。僧辩才持有王羲之《兰亭序》，令唐太宗垂涎，多次索要无果。无奈，只好设计来骗。太宗命监察御史萧翼乔装成书生，与辩才相谈甚欢。骗取其信任后，趁其不备，将《兰亭序》收入怀中，回京复命。恐怕辩才肠子都悔青了吧！

　　但，此非本文之重点，值得关注的是画的左下角。一侍者执茶筴，望着茶釜，旁边的童子端着茶碗等候，茶香袅袅。

　　传世名画《宫乐图》展现了宫廷茶宴的豪奢排场。画中，十位体态雍容的贵妇围案而坐，或品茶，或饮酒，或奏乐，好不热闹！案中央，置一巨釜，一贵妇正用长柄勺舀茶。另有茶碗、耳杯等器。衣香鬓影，茶香酒洌，乐器和鸣，那是盛唐气象。

图 87-3　唐·周昉《调琴啜茗图》，美国纳尔逊·艾金斯艺术博物馆藏

　　1987年出土于陕西长安县南里王村唐墓墓室东壁的壁画，亦有贵族宴饮场景，洋溢着欢快的气氛。

　　周昉《调琴啜茗图》亦是宫廷茶生活的侧影，少了欢腾，却多了几许清雅。主角是弹琴仕女，左有侍女，端盘恭候。红衣、白衣仕女正聆听。最右边，还有一奉茶侍女。

　　庭院清幽，她们鼓琴、听琴、啜茶，看似恬然静好，却暗含些许落寞。桐荫桂香，秋日已至。琴声低徊，仿佛诉说着红颜易老美人迟暮。

　　《宣和画谱》："周昉为贵游子弟，多见贵而美者，故以丰厚为体。"其笔下仕女，体态丰肥，色彩柔丽。

　　有琴，亦有棋。1972年，新疆维吾尔自治区吐鲁番市出土的唐朝仕女弈棋屏风，上有一蓝衣侍女正端茶侍奉。

　　看来，唐朝贵妇的生活悠闲且文艺。

88. 茶画里的宋朝人喝茶有多优雅？

宋，是文人的黄金时代，也是茶风炽盛的时代。

或作诗填词，或挥毫赋彩，文人用笔墨勾勒描绘大宋的茶韵风流。每位画家的画作内容、画风虽不同，但总给人热气腾腾的感觉，而且没什么时空距离感，顶多就是服饰的差异。

文人雅集，寺院茶会，市井斗茶，还有都市里的茶肆茶铺，一只黑釉盏，雪白的沫饽涌动，点出了一个气象万千、大俗大雅的宋朝。

徽宗是一位非常有文艺范儿的皇帝，也是纵贯千百年的"网红"。他的《大观茶论》乃宋朝"现象级"茶著，茶画《文会图》则让后世有幸观摩了900多年前的一场宫廷文人茶叙。

园林幽静，文人雅士，少长咸集，环桌而坐，谈笑风生。桌上，茶器、瓜果、点心胪列。童仆们，正忙着备茶。此画反映的虽是宫廷茶会，却不像南唐朝顾闳中《韩熙载夜宴图》那样声色犬马，而是文人式的清丽明净。右上方有徽宗题跋："儒林华国古今同，吟咏飞毫醒醉中。多士新作知入彀，画图犹喜见文雄。"可见他爱士慕士之情。

《西园雅集图》亦是群贤毕至。西园雅集是继兰亭集后最有名的文人聚会。西园，

图 88-1　宋·青白釉执壶
广东省博物馆藏

位于开封城西，驸马王诜的别墅府第。苏轼、苏辙、米芾、黄庭坚等十多位文艺"大咖"齐聚于此。画中，米芾正在长卷上挥毫，诸文士及一僧人则兴致勃勃地围观。苍松怪石后面，一童子端着茶盘，正欲前去奉茶。此画原作者是李公麟，也是雅集参与者之一。这场雅集，是画史上的经典题材之一，历代画家作的同名作不下百幅。

宋人饮茶的文艺与浪漫，是佳节佳时品佳茗。戴进的《春游晚归图》，是游春啜茗；刘宗古的《瑶台步月图》，是中秋赏月品茶。

现藏日本大德寺的《五百罗汉图》中，有《备茶图》《吃茶图》，描绘了寺院饮茶日常，亦可见宋朝禅、茶文化对日本茶道的影响。

刘松年是个优秀的茶生活"导演"。他笔下的茶事画面有很强的代入感。

《撵茶图》亦是文人茶会，一僧作画，二文士

图88-2　宋·刘松年《撵茶图》
台北故宫博物院藏

图 88-3 宋·刘松年《斗茶图》
台北故宫博物院藏

聚精会神地观看。树下，有二仆役，或推磨碾茶，或执瓶注汤，生动再现了宋人饮茶的风貌。

《斗茶图》《茗园赌市图》则满是市井烟火气。几个卖茶小贩，或在林中，或在街市相遇。一见面就充满"火药味"，要把自家茶拿出来斗一斗。斗茶，虽不是为了入贡，但斗赢的茶，或许能卖个好价钱。斗茶流传了近千年，至今依然火爆，斗的不只是茶，还是制茶技艺。

审安老人所著《茶具图赞》，为宋朝茶具"十二先生"立传写真。有趣的图文里，似乎隐含着壮志未酬的愁闷。

手端茶盏，心系家国，中国文人就是这么可爱！

89. 西夏人民也爱茶吗？

宋虽为中原王朝，但边疆并不太平。北有辽，东北有金，西北有西夏，与宋长期对峙，时战时和。

辽、金、西夏人民多为游牧民族，食肉饮酪，缺乏菜蔬。可解腻消食、清热解毒的茶，是他们的生活必需品。然而，产茶区大部分在宋朝版图内。而且，宋朝之富庶令他们垂涎。柳永词中"三秋桂子，十里荷花"之盛景，勾起了金主完颜亮投鞭渡江之志。于是，茶往往是宋与辽、金、西夏间重要的战略资源。

和则茶马互市，战则称臣纳贡，成为宋与这些对峙政权之间茶叶往来的主要方式。宋败之时，饮茶方式及茶文化也随之输入边疆。辽、元墓的壁画，就有清晰的呈现。

辽墓壁画《煮汤图》《点茶图》《将进茶图》《茶道图》等，以及元墓壁画《点茶图》《道童奉茶图》等，皆有鲜活的茶事场景。画面上，除人物装束、服饰有较鲜明的民族特点外，茶器、饮茶方式等与宋朝大同小异。

辽墓茶画，是辽朝茶风之盛的投射。辽由契丹人建立，常以"学唐比宋"自勉。对宋茶，"非团茶不纳也，非小团不贵也"。饮茶风尚传入辽后，经吸收借鉴，形成自身特色。比如，朝仪有"行茶"，待客"先汤后茶"；契丹人有朝日古俗，将茶奉给太阳。

金朝由女真族建立，举国上下皆喜饮茶："比岁上下竞啜，农民尤甚，市井茶肆相属。"（《金史》）因饮茶盛行，耗资巨大，金章宗、金宣宗都曾颁禁茶令，只有七品以上官员才能喝。茶俗亦多彩，比如婚礼酒宴后"富者瀹建茗，留上客数人啜之，或以粗者煎乳酪"（《松漠纪

图 89-1　辽·张恭诱墓壁画《煮汤图》

图 89-2　辽·张世卿墓《点茶图》

图 89-3　辽·张世古墓壁画《将进茶图》

图89-4 宋·河南登封黑山沟
李氏墓壁画《备茶图》

闻》）。此外，金朝非常喜欢宋朝文化，以儒家为基本思想，灭宋后，不但抢奇珍异宝，还掠走大量儒生、典籍。金章宗还是宋徽宗的"超级粉丝"，爱赵佶之所爱，吃透瘦金体精髓，模仿得几乎可乱真。

西夏"惟茶最为所欲之物"，民间更是流传着"食无茶，衣帛贵"的歌谣。

宋与辽、金、西夏，在一盏茶里实现了融合与统一。

90. 元朝茶画描绘了古人怎样的茶生活？

陆秀夫背着幼主赵昺"崖山一跃"，宋朝在悲壮的挽歌中终结了。

于文人而言，这是国破家亡的悲痛，更是"修齐治平"崇高理想的破灭。

在蒙古人的朝廷中，汉人、南人，皆是低等公民，儒生的地位还不如娼妓。即使元仁宗时恢复了科举，文人也很难进入核心政治层与社会管理层。

元初，文人除了壮烈殉节，就是选择隐遁山林，或融入市井，小隐于山，大隐于市。

赵孟頫《斗茶图》，为热闹的宋朝斗茶画画上了句号。

文人笔下的茶事，雅集的盛况不再，斗茶的喧闹不再，《清明上河图》的盛景也成繁华一梦，取而代之的是清寒寂寥的隐逸生活。

他们通过描写古代隐士茶生活，以明高洁超拔之志。

何澄《归庄图》，致敬陶渊明；钱选《卢仝煮茶图》，致敬卢仝；赵原《陆羽烹茶图》，致敬陆羽。无疑，这些著名隐士，皆是他们的"精神领袖"。而茶本身也最符合隐士气质。唐朝韦应物诗云："洁性不可污，为饮涤尘烦。"（《喜园中茶生》）明朝陈继儒说："酒类侠，茶类隐。酒固道广，茶亦德素。"

图 90-1　元·何澄《归庄图》（局部），吉林博物院藏

倪瓒《安处斋图》，简远清逸，荒寒萧疏。上题有一诗："湖上斋居处士家，淡烟疏柳望中赊。安时为善年年乐，处顺谋身事事佳。竹叶夜香缸面酒，菊苗春点磨头茶。幽栖不作红尘客，遮莫寒江卷浪花。"喜欢在名画上题诗的乾隆也"跟帖"道："是谁肥遁隐君家，家对湖山引兴赊。名取仲舒真可法，图成懒瓒亦云嘉。高眠不入客星梦，消渴常分谷雨茶。致我闲情频展玩，围炉听雪剪灯花。"另有《龙门茶屋图》，表达的也是简淡的隐逸之乐。

元朝一幅佚名画作《扁舟傲睨图卷》，青绿山水间，扁舟上，老翁一手摇扇，一手

图 90-2　元·赵原《陆羽烹茶图》，台北故宫博物院藏

图 90-3　元·刘贯道《消夏图》，美国纳尔逊·艾特金斯艺术博物馆藏

鼓琴，童子正烹茶。题画诗云："傲兀扁舟云水滨，笔床茶灶日随身。底须别觅君家号，又是江湖一散人。"

刘贯道《消夏图》中，一垂髫雅士，露胸露肩，靠在榻上乘凉，"大写"的舒服。榻后屏风上，绘一老者坐于榻上，两童子正煮茶。老者的榻后，又一屏风。画中有画，富有趣味。

山西大同冯道真墓壁画中，文士闲坐草堂，四围花木阴翳，幽雅之茶境。

王冕《墨梅图》虽写梅，却因茶而作。据跋云，暮春时节，他与诸友游龙寿觉慈寺，巧遇一叟设茶款待，画梅并赋诗致谢。此作笔力挺秀，梅之清贞孤傲，风骨尽显。他爱梅如痴，"喜写野梅，不画宫梅"，暗香疏影里体现的正是其高格。

91. 明朝茶画蕴藏着哪些文化现象？

明朝政权虽重回汉族手中，但文人的生存状况并没有得以改善，甚至更糟。文字狱、厂卫制、宦官当政等，让文人常处在高压中，稍不慎，就有掉脑袋的危险。

山水田园，依然是文人寻求心灵慰藉的天堂，不论入仕与否。尤其是在山明水秀的江南，隐逸是一种流行文化现象。

处清幽之境，汲清泉，瀹清茗，赏清景，或独饮，或雅集，心清澄空明，自由自在。这是明朝茶画的主流题材。

元明文人画，沈周承前启后，有《火龙烹茶》《会茗图》《醉茗图》等茶画。

仇英，师从周臣，博采众长，擅画人物、山水、花鸟等，以工笔重彩为主，其山水画隽逸优雅，清新明丽。既有青绿山水，又有水墨皴染。其茶画也颇"高产"，如《松亭试泉图》《园居图》《蕉阴结夏图》《煮茶论画图》《停琴听阮图》《赵孟頫写经换茶图》《竹院品古》《东林图》《煮茶图》（扇面）等，山林之幽，茶事之雅，翛然出尘。

图 91-1　明·唐寅《东山悟道图》（扇面），图片采自"中国嘉德 2016 年春季拍卖会，吴门风雅——嘉树堂明代扇面"

唐寅《事茗图》、文徵明《惠山茶会图》是明朝茶画的经典作。

读《事茗图》，心神瞬间就被画中深蕴的静谧力量所勾摄。远山如黛，烟霞如幕。屋内，一文士，闲坐案前。左侧小屋，一童子正备茶。溪上木桥，一扶杖者，缓缓前行，后一抱琴童子。主客相见，啜茶听琴，谈宴终日。

唐寅另有《品茶图》《烹茶图》《琴士图》《款鹤图》《东山悟道图》《西洲话旧图》《溪山渔隐图》等画作，亦尽得高士之风。

《惠山茶会图》画的是1518年春日文徵明与诸友在无锡惠山雅集之景，意趣散淡，韵味空灵，流溢着幽秀旷逸的情致。钱谷亦有《惠山煮泉图》。

此外，《品茶图》《林榭煎茶图》《茶具十咏图》也是文徵明茶画佳作。

周臣，字舜卿，号东村。擅画人物、山水，画法严整工细，仇英是其高足。《香山九老图》《松窗对弈图》《山亭纳凉图》等皆有茶事描写。

图 91-2　明·文徵明《品茶图》台北故宫博物院藏

图 91-3 明·钱谷《惠山煮泉图》
台北故宫博物院藏

图 91-4 明·周臣《香山九老图》
天津博物馆藏

　　陈洪绶，字章侯，号老莲。尤工人物画，所绘人物伟岸。晚年笔风有变，人物形象夸张，或样貌古怪，极具个性，有较强的漫画风格，适合做表情包，可从《煮茶图》《品茶图》《会茗图》《停琴啜茗图》《歌诗图》《闲话宫事图》《闲雅如意图》等画中一睹神采。

　　项圣谟，字孔彰，号易庵。其《琴泉图》虽无茶，画中物件却皆为茶服务，瓮中泉，案上琴，烹泉煮茶鼓琴，皆文人雅事。

　　明人也热衷画卢仝，借古抒怀，如仇英《卢仝煮茶图》，丁云鹏

图 91-5　明·陈洪绶《歌诗图》，图片采自"中贸圣佳 2005 秋季艺术品拍卖会"

图 91-6　明·项圣谟《琴泉图》

《玉川煮茶图》《煮茶图》。自宋、元起，至清、近现代，如钱选、金农、张大千等都画过卢仝。

　　泡饮法是明朝饮茶的主流方式。茶画中，除风炉、茶釜外，可见陶壶、紫砂壶、瓷杯等泡茶器。还有始于宋的竹炉，雅号"苦节君"，亦深得文人垂青，它在沈贞《竹炉山房图》、王绂《竹炉煮茶图》、王问《煮茶图》等画作中自带"主角"光环。

92. 从清朝茶画中能看到哪些趣事?

经元明文人的创作尝试,至清朝,茶在画作中已司空见惯,成为文人风雅闲事的标志。

图 92-1　清雍正·吹绿釉茶杯

细数清朝茶画,有王翚《石泉试茗图》《一梧轩图》,萧云从《石磴摊书图》《纳凉竹下山水图》,戴本孝《平台幽兴图》,萧晨《课茶图》,吕焕成《蕉阴品茗图》,华嵒《山水图》《金谷园图轴》《竹溪六逸图》,金廷标《品泉图》,金农《绿窗贫女图》,高凤翰《天池试茶图》《天池僧话图》,黄慎《春夜宴桃李园图》《采茶翁图》,费丹旭《忏绮图》,钱慧安《烹茶洗砚图》,任颐《茗茶待品图》《为深甫写照图》……不胜枚举。

且不论每位画家的风格与流派,就题材来说,清朝茶画与元明一脉相承。或深山密林,或溪涧流泉,或松下蕉阴,或茶寮精舍……皆是明人眼中的理想茶境。

构图上,或突出山水,或突出人物,或人景交融。"山水+庭园+茶",几乎是清朝茶画的范式。

传统绘画题材之一的清供画,清中期以来,也渐趋鼎盛。清供,清雅之供品。鲜花、瑞草、嘉果、奇石、瓷瓶、钟鼎彝器、书画等雅物皆可清供。

茶称"瑞草魁""甘露",自是清供佳

图 92-2 《雍正十二美人图·裘装对镜》
故宫博物院藏

选。作为茶的容器，茶壶、茶盏，在多数茶画中，只是配角或点缀，草草几笔，表明是茶事。然而，在清供画中，茶器从幕后走到了台前，给的全是"特写"，与花、果一同入镜。

"扬州画派"多位画家、清末"海派四杰"（虚谷、蒲华、任颐、吴昌硕）等都有茶器主题的清供画。比如，李鱓《三秋图》《壶梅图》《煮茶图》《岁朝图》，李方膺《梅兰图》，边寿民《壶盏图》《茶喜》等，虚谷《菊花》《案头清供》《茶壶秋菊》，蒲华《茶熟菊开图》等。至于吴昌硕，就更"丰产"了。

还有，薛怀《山窗清供图》，均以线描勾勒，明暗对比强烈，酷似素描。创立紫砂壶"曼生十八式"的陈鸿寿也有多幅《壶菊图》。

清朝院体茶画则又是另一番风貌。名垂茶史的乾隆帝正是茶画最佳主角。他曾言"不可一日无茶"，且喜以文人自居。试泉品茶，写茶诗，办茶宴，建茶舍，定制茶器，独创"三清茶"等，较之同样爱茶的宋徽宗，实有过之而无不及。他的茶生活，被宫廷画师"搬"上了画作。

郎世宁，原为意大利传教士。其擅绘骏马、人像、花卉等，开创了"西画中用"新技法，为康、雍、乾三朝皇帝所重。其作《弘历观画图》，以及同丁观鹏、沈源等合作的《乾隆帝岁朝行乐图》《弘历雪景行乐图》，便是乾隆茶生活的剪影。还有张宗苍、董邦达等乾隆御用画家也有茶画传世。

另，《雍正十二美人图》中也有清宫茶事的描写。

93. 近现代有哪些茶画佳作？

诗、书、画，乃文人必备修炼项目。吴昌硕、齐白石、黄宾虹、陈师曾等名家，莫不如此。吴昌硕还以善治印而闻名。

吴、齐、陈三位大家的茶画多为清供画，如一杯早春茶，清新怡人，越品越有滋味。

吴昌硕酷爱梅花，自谓"苦铁道人梅知己"。写梅咏梅，亦写茶咏茶。《煮茗图》《品茗图》《折梅煮茶图》《花开茶熟图》《清供图》《岁朝清供图》及扇面《兰壶梅溪诗》《壶梅成扇》等，笔墨中皆有梅香茶韵。而且，他常题有一诗："折梅风雪洒衣裳，茶熟凭谁火候商。莫怪频年诗懒作，冷清清地不胜忙。"

吴昌硕与挚友沈石友合作过一幅《茗具梅花图》，茶梅双清，象

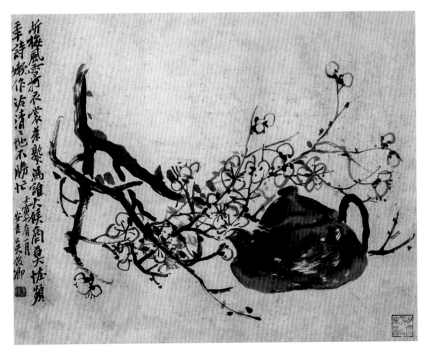

图 93-1　吴昌硕《折梅煮茶图》

图 93-2　齐白石《笔砚茶具图》

征着志趣相投。

除了茶梅，亦有茶菊，如《茶菊清供图》及扇面《品茗菊花》《设色清供》等；还有茶兰，如《茶壶幽兰图》。梅、菊、兰，素雅芳洁，皆为茶之佳友。另《和平是福》，乃茶与枇杷结合之作。

"茶梅配"在齐白石茶画里也不少。《梅花见雪更精神》，素瓷瓶中，红梅绽放，啜茗赏梅，乃赏心乐事；《新喜》，瓶梅娇艳，龙纹茶壶、鞭炮、柿子，更添喜庆气氛；《梅花茶具图》，系赠毛泽东之作，他们既是同乡，也是忘年交，茶梅寓知己。

《笔砚茶具图》，是文人书桌一角，以兰为清供。有趣的是，用玻璃杯插花。

齐白石还有一幅《煮茶图》，风炉上置一提梁壶，还有蒲扇、火钳及炭数枚，简静淡雅。

陈师曾，名陈衡恪，国学大师陈寅恪之兄，也是吴昌硕高足。他也画过《煮茶图》，画面更简洁，仅风炉、茶壶、破扇而已。他将此画赠齐白石，白石又转赠史学家邓广铭。另有两幅《清茗梅花图》，茶、梅、蒲扇，淡泊宁静。

图 93-3　陈师曾与溥心畲合作
《茶花梅花图》

图 93-4　张大千《玉川先生烹茶图》

陈师曾与溥心畲合作《茶花梅花图》。溥心畲,即爱新觉罗·溥儒,号羲皇上人、西山逸士等。画中,一枝梅,一枝山茶,有香有色。二花间,一瓷,上覆莲叶,贮山泉;一陶壶,粗梁大钮,很粗犷。梅素茶艳,花雅器粗,却不突兀。

"寒夜客来茶当酒"这一出自宋朝杜耒的诗句,是书画创作的热门主题。齐白石就画有两幅,茶、梅再次携手"出镜",此正是"寻常一样窗前月,才有梅花便不同"。潘天寿、黄宾虹合写的同名作则高度再现了宾主寒夜围炉啜茶融融泄泄的情境。

不过,擅画山水的黄宾虹,常将饮茶置于山水林泉中。《溪亭待茗图》《煮茗图》等作,人小如蚁,茶器更是细小难辨,山水则雄浑大气。他还有多首题画诗与茶有关,如《新安江上纪游》:"山市成村午焙茶,通津编竹路犹赊。平林一抹烟横阁,两岸闻香隔水涯。"

张大千,字季爰,号大千居士,亦擅画山水,而人物喜画高士,如《玉川先生烹茶图》《春日品茗图》,闲趣满溢。

94. 丰子恺漫画中的茶是什么样的?

于传承数千载的国画而言,漫画是新品种,构思独特新颖,表现手法多样,带讽刺性或幽默性,具教育和审美功能。

丰子恺,中国现代漫画事业的先驱。他对漫画的定义是:"漫画是简笔而注重意义的一种绘画。"

其画作受日本画家竹久梦二影响颇深。虽也有题跋、落款、钤印等传统书画的形式,可题材与风格却与传统国画大不相同。题材以日常生活为主,一些琐事都可入画,活泼而明亮,洋溢着童真童趣。巴金曾评价他:"一个与世无争、无所不爱的人,一颗纯洁无垢的孩子的心。"

茶是日用之饮,在子恺的漫画中俯拾皆是。或诙谐,或讽刺,或诗意,或哲思,通俗而雅致,简单而深刻,回味无穷。难怪朱自清说他画里有"橄榄味"!

1924年发表在《我们的七月》(朱自清与俞平伯合办)的《人散后,一钩新月天如水》,是他公开发表的处女作,也是成名作。

屋舍廊前,苇帘卷起,月牙高挂。桌上,一只茶壶,几只茶杯,澄净空寂。夜阑,人散,此正是:"素瓷传静夜,芳气满闲轩。"

晚年时,他又画了一幅同名作。构图相似,但有设色,添了几笔绿树,窗帘、廊柱、桌椅也都"升级"了,月牙形的帘钩,与天上月相呼应。前后二作,时代感鲜明。一壶茶,话聚散。人走,茶不凉。

子恺有许多描写儿童戏茶的画作。《桌子当屋子,凳子当桌子》《小家庭》《茶壶不肯过来》《背纤》等,孩童的天真无邪,跃然纸上。

他亦以"童眼"观茶。《茶壶接吻》《蜘蛛要洗澡》

图 94-1　丰子恺《人散后，一钩新月天如水》

图 94-2　丰子恺
《草草杯盘供语笑，
昏昏灯火话平生》

《黄昏》《秋夜》，就像儿童画，可细品，愈觉意味深长。

　　茶在他的画中还有十分多元的表达。《小灶灯前自煮茶》《满瓯茶熟乱松声》《独树老夫家》，是清闲独饮茶；《小桌呼朋三面坐》《山高月小水落石出》《草草杯盘供语笑，昏昏灯火话平生》《客来不用几席》，茶里饱蘸着友情；《春光先到野人家》《依松而筑生机满屋》《松间明月长如此》《严霜烈日皆经过》，是一家人其乐融融；《好鸟枝头亦朋友》《催唤山童为解围》《新竹成阴无弹射》《春草》，既有闲情，又亲近自然；《家住夕阳上村》《白云无事常来往》《青山个个伸头看》，是恬淡惬意的田园山居生活。

　　一杯茶里，可品世间百态，人情冷暖。

茶典籍之美

95. 世界上首部完整、系统介绍茶的专著是哪部？

"自从陆羽生人间，人间相学事春茶。"

《茶经》是世界上首部完整、系统介绍茶的专著。陆羽以专业的视角，从茶的溯源、制茶工具、采制器具、煮饮器具、煮饮方法、茶史典故、产地、茶事简化原则等方面进行了深入浅出的阐述与分析，堪称茶的"百科全书"。

《茶经》伟大之处，既有"广度"——涵盖茶的方方面面，发前人之所未发，更有"深度"——茶道美学思想及襟抱。更重要的是，《茶经》的问世，不仅推动了饮茶的盛

图 95　宋·百川学海本《茶经》是现存最早的《茶经》版本

行，还将茶从单纯的饮品上升到艺术的境界。

俭朴。《茶经》首篇就指出："茶之为用，味至寒，为饮，最宜精行俭德之人。""精行俭德"是茶人自身修为准则，也是陆羽茶道思想的精髓。《五之煮》又云："茶性俭，不宜广，则其味黯澹。"此处"俭"是茶的自然属性，是提醒煮茶应注意茶水比，也欲借茶之"俭"喻人之"俭"。又如，《四之器》中"鍑"："用银为之，至洁，但涉于侈丽。"另外，在他罗列的25种茶器中，多为铜铁、竹木、瓷等朴素材质，亦是"俭"的体现。

中和。即不偏不倚，执两端以取其中，和异质而成新质。比如，论"鍑"："方其耳，以令正也；广其缘，以务远也；长其脐，以守中也。脐长则沸中，沸中则末易扬，末易扬则其味淳也。""方耳、广缘、长脐"的结构设计是为了煮出一碗好茶。又如，风炉有两足分别刻有"坎上巽下离于中""体均五行去百疾"，坎、巽、离分别代表水、风、火，煮茶是水、风、火的协同，而饮茶助人体五行调和，消祛百病。

有度。茶道之"道"，乃程式与法度。《茶经》对茶器、行茶、饮茶所作的相关规定，对寺院行茶仪轨清规及日本茶道、韩国茶礼也产生了深远影响。比如，《五之煮》中，炙茶、取火、备水、煮茶、酌茶都有一定的规矩可循。

自然。自然思想，几乎贯穿全书始终。除对茶树生物形态的描述外，书中运用大量比喻来生动描述茶、沫饽的千姿百态。又如，他认为茶树"野者上，园者次"。他反对在茶汤中加入葱、姜等会破坏茶天然之味的佐料。

96. 史上首部点茶、斗茶指南是哪部？

《茶录》，宋朝名臣蔡襄作。全书虽不到800字，却是现存最早的宋朝茶书之一，为宋朝茶道艺术奠定了理论基础。全书分上、下篇。上篇论茶，包含茶叶鉴评、储藏、碾罗、点茶等内容共10条；下篇论器，包含茶焙、茶笼、砧椎、茶钤、茶碾、茶罗、茶盏、茶匙、汤瓶等9种茶器。

他在《茶录·序》中说："昔陆羽《茶经》，不第建安之品；丁谓《茶图》，独论采造之本，至于烹试，曾未有闻。臣辄条数事，简而易明，勒成二篇，名曰《茶录》。"大致意思是："过去，陆羽《茶经》，没有记载品第建茶。丁谓写的《茶图》，也只说采制茶叶的方法。对于茶的烹饮、品鉴都没有提及。所以，我总结了几点个人见解，简明扼要地编成两篇，名为《茶录》。"

尽管没有像《茶经》那样洋洋数千言，但此书却是首部宋朝点茶、斗茶指南。在篇首，他就颇详致地阐述了茶叶色香味的重要性及鉴评方法，可归为三大原则：茶色贵白，茶有真香，茶味主于甘滑。他还传授了一些有关制茶、鉴水、点茶及斗茶的经验，此书可谓"干货"满满。

图 96-1　宋·蔡襄《茶录》（局部一），（古香斋宝藏蔡帖）

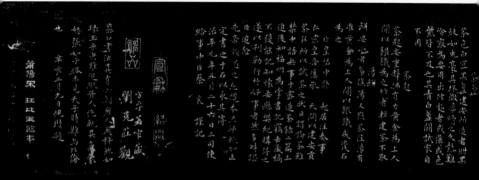

图 96-2　宋·蔡襄《茶录》（局部二），（古香斋宝藏蔡帖）

　　与其他茶著不同，《茶录》还是一件优秀的书法作品，因为作者蔡襄也是宋朝书法四大家之一。全文以真楷写成，劲实端严，俊秀舒雅，饶有晋人风度。欧阳修虽然对他进贡"小团"感到不满，但为《茶录》写跋和后序还是很认真的，怒赞蔡襄的书法："君谟小字新出而传者二，《集古录目序》横逸飘发，而《茶录》劲实端严，为体虽殊而各极其妙。盖学之至者。意之所到。必造其精。"元朝倪瓒是蔡襄的忠实"粉丝"，夸得相当露骨："蔡公书法真有六朝唐人风，粹然如琢玉。米老虽追踪晋人绝轨，其气象怒张，如子路未见夫子时，难与比伦也。"

　　《茶录》，真乃茶墨俱香也。《茶录》手稿曾被蔡襄的掌书记偷去，幸为怀安县（今属福州市仓山区）购得，才得以刊行于世。此故事还被他的同乡、南宋词人刘克庄调侃："蔡公精吏治，很善于揭露奸臣污吏。但，手下人偷书稿，不加罪，也

不狠狠查办，是不是因为该贼不同于一般作奸犯科者，而是像萧翼赚兰亭那样的雅贼呢？"（宋·刘克庄《〈茶录〉题跋》）

曾任福建路转运使的蔡襄，还首创了"小龙团"，使建州北苑贡茶渐趋精细，可在熊蕃、熊克《宣和北苑贡茶录》中一睹芳容。

图96-3 宋·蔡襄《茶录》碑帖拓本
泉州市博物馆藏

97. 现有唯一一部由皇帝御笔亲书的茶书是什么？

《大观茶论》，宋徽宗赵佶著，是现存唯一一部由皇帝御笔写就的茶书。书原名《茶论》，因成书于大观年间（公元1107—1110年）而改称《大观茶论》。

赵佶浑身都是"文艺细胞"，点茶、书画、诗词、园林、博古、音律等，样样精通，唯独治国理政不"在线"，把大好河山葬送了。

大历史虽不甚光彩，但他在茶道艺术史上却值得大书特书。《大观茶论》，便是徽宗留给后世的一部宋茶经典著作。

全书首序言，次分地产、天时、采择、蒸压、制造、鉴辨、白茶、罗碾、盏、筅、瓶、杓、水、点、味、香、色、藏焙、品茗、外焙等共二十目。

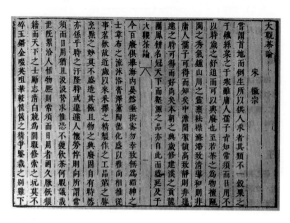

图 97-1　宋·赵佶《大观茶论》

220

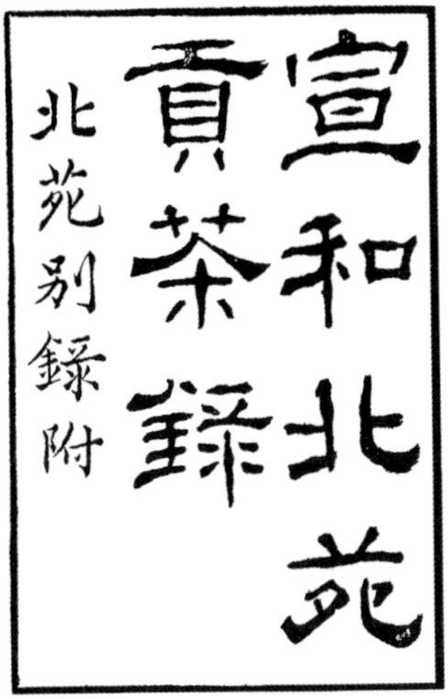

图 97-2 《宣和北苑贡茶录》书影

图 97-3 "凿字岩"阴刻楷书共80 字，记载了北苑贡茶的产制盛况（局部），摄于福建建瓯东峰镇裴桥村焙前自然村

此书以产于福建的建安北苑贡茶为标杆，从栽培、采制、茶品、点茶、鉴评等方面翔实地阐述了宋茶的面貌。

宋朝饮茶之盛更甚于唐，从包括徽宗自己在内的文人，到布衣百姓，对茶事都很热衷，不但点茶、品茶、斗茶，还参与采茶、制茶，很多人是"一流高手"。所以，他说："缙绅之士，韦布之流，沐浴膏泽，熏陶德化，咸以雅尚相推，从事茗饮……可谓盛世之清尚也。"《大观茶论》之前有丁谓《北苑茶录》、蔡襄《茶录》、宋子安《东溪试茶录》、黄儒《品茶要录》，之后有熊蕃、熊克《宣和北苑贡茶录》，赵汝砺《北苑别录》，审安老人《茶具图赞》等多部宋朝重要茶著，均由爱茶的文人所著。

徽宗总结的"七汤"法点茶是全书最精彩的部分。点茶，他是很有发言权的，他曾不止一次为臣子点茶。此点茶法，不论是手法，还是每一汤的色、形、态，徽宗都做了优美且生动的描绘，使人感觉点茶就像作画，画面感很强。

此书的思想精髓可归结为"致清导和""冲淡简洁，韵高致静"。清、和、淡、简、洁、静，正是宋朝茶道艺术的灵魂，也是宋朝审美趣尚，这亦可从宋瓷、书画等艺术中窥得一斑。

98. 明朝存世的首部茶书是什么？

朱权《茶谱》，是明朝存世的首部茶著，其地位堪比肩陆羽《茶经》、蔡襄《茶录》、赵佶《大观茶论》。书中，他将道家所崇尚的自然本真、简朴恬淡的思想，契入茶事茶生活，深刻影响了许多文人高士。

1391年秋，明太祖朱元璋一道诏令彻底终结了团饼茶的贡茶地位，取而代之的是茶芽。朱权是散茶及叶茶饮法的积极倡导者。他认为，团茶"杂以诸香，饰以金彩，不无夺其真味"，"然天地生物，各遂其性，莫若叶茶；烹而啜之，以遂其自然之性也"。

《茶谱》的开创性不止于"尚自然"之茶道思想的提出，还在于它为后世文人打造了一个"茶隐"版桃花源的现实范本，引领他们借一盏茶摆脱羁绊，回归自由。

在《茶谱·序》中，朱权就流露出隐士特有的清高孤傲之气："挺然而秀，郁然而茂，森然而列者，北园之茶也……瘿然而酸，兀然而傲，扩然而狂者，渠也。"饮茶，在他眼中"本是林下一家生活，傲物玩世之事，岂白丁可共语哉"？全然一副傲世轻物、狂狷不羁的隐士形象。

他进一步说道："予尝举白眼而望青

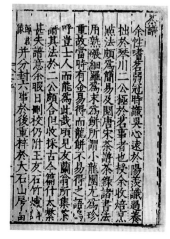

图 98-1　明·朱权《茶谱》

天，汲清泉而烹活火，自谓与天语以扩心志之大，符水火以副内炼之功，得非游心于茶灶，又将有裨于修养之道矣，岂惟清哉？"他把品茶当作修行，让心扩展到与天地同宽，驰骋无疆，足见其不凡气度。

朱权是朱元璋第十七子，因不慎卷入朱棣"靖难之役"，政治生涯因此结束，甚至一度濒临险境。尽管政治失意，沉浸在茶香中的他却在尘世里开辟了一块自由自在、清逸恬淡的心灵净土。他指出，可共享品茶之赏心乐事者，须是"云海餐霞服日之士"，或"鸾俦鹤侣，骚人羽客"，他们"皆能志绝尘境，栖神物外，不伍于世流，不污于时俗"。他还细说了以茶待客之道，除饮茶外，"出琴棋，陈笔研。或庚歌，或鼓琴，或弈棋，寄形物外，与世相忘"。

朱权之后，许多明朝文士乐于畅谈如何营造一种清幽雅致、翛然出尘、可融通心灵与自然的唯美茶境。

图 98-2　明·文嘉《山静日长图》，济南市博物馆藏

99.《茶疏》里描述的明人茶生活有多精致？

《茶疏》，明朝许次纾作。许次纾，字然明，号南华。

全书分三十六则，包含产茶、采摘、炒焙、贮藏、烹点、品啜、茶器、辨别、品茶环境、宜忌等诸多方面。

其挚交、《茶疏》最初刊刻者许世奇评曰："香生齿颊，宛然龙泓品茶尝水之致也。"清朝厉鹗对此书也给予了高度评价："深得茗柯至理，与陆羽《茶经》相表里。"

写茶著必是爱茶人。然明是杭州人，嗜茶成癖。其友姚绍宪在湖州明月峡辟一小茶园，每年茶季，然明都要前去"汲金沙、玉窦二泉，细啜而探讨品骘之"。

常年茶来茶往，他积累了丰富的茶事经验。"旋摘旋焙，香色俱全，尤蕴真味。"明朝，团饼茶逐渐让位于叶茶，制法也由蒸青向炒青过渡。这一技术变革，使茶之形、色、香、味都保持着自然纯粹，而且还推动了饮茶方式的转变。文震亨评价道："然简便异常，天趣悉备，可谓尽茶之真味矣。"（《长物志》）

炒青最早可追溯至唐，刘禹锡《西山兰若试茶歌》有"斯须炒成满室香"句，但并无具体制法。然明详细记录了炒茶之

图 99-1 明·德化甲杯山窑白釉瓷花卉纹杯，德化县陶瓷博物馆藏

图 99-2 明·德化窑白釉堆贴梅花纹公道杯，福建博物院藏

图 99-3 明·德化窑白釉堆贴梅花纹椭圆形杯，福建博物院藏

法，如炒茶用具、薪柴选择、炒制手法、火候掌握等均有详述。

对茶之品鉴，然明亦有妙论。"一壶之茶，只堪再巡。初巡鲜美，再则甘醇，三巡意欲尽矣。余尝与冯开之戏论茶候，以初巡为婷婷袅袅十三余，再巡为碧玉破瓜年，三巡以来，绿叶成阴矣。开之大以为然。"将每一道茶的口感都与女子的不同年龄段相对应，风趣诙谐。

明朝文人并不满足于茶带来的口腹之享，还注重茶境的营造。比如"茶所"。然明对茶寮的选址、室内布置、整理都事无巨细地进行了介绍。"饮时""宜辍""不宜近""良友"等条目也有论及。

然明对侍茶者、饮茶者也有要求，如专列"童子"条，粗童、恶婢不宜用，野性人不宜近等。"煎茶非漫浪，要须其人与茶品相得。"换言之，要喝好茶，得有好人品。

除《茶疏》外，徐渭《煎茶七类》、屠本畯《茗笈》、徐𤊹《茗谭》、黄龙德《茶说》、冯可宾《岕茶笺》等明朝茶著对境、人等也有详论。

明人在一盏茶中舒展身心，舒放性灵。

图 99-4　明·德化窑白釉瓜棱茶壶，泉州市博物馆藏

100. 《续茶经》仅仅是《茶经》的续书？

公元780年，《茶经》面世后，宛如一道光，照亮了中国茶史，开启了中国茶道艺术的第一个黄金时代。《茶经》流传的版本甚多，不仅中国历代皆有不同版本，日本也有多个版本。据不完全统计，《茶经》刊本约有50种。

历代同名茶著、续书、别集等"衍生品"也不在少数。比如，宋朝周绛《补茶经》，明朝徐渭、张谦德《茶经》，真清、孙大绶《茶经外集》，清朝陆廷灿《续茶经》等。苏轼、陆游也有意续写《茶经》。苏轼："更续《茶经》校奇品，山瓢留待羽仙尝。"陆游："遥遥桑苎家风在，重补《茶经》又一篇。"

最著名也最有分量的续书，当属清朝陆廷灿所著《续茶经》。

《续茶经》成书于1734年前后。陆廷灿，字秩昭，自号幔亭，江苏嘉定县（今上海嘉定区）人，曾任福建崇安（今武夷山市）知县。

谈及辑《续茶经》初衷，他说："《茶经》问世已千余年，制法、烹饮、产地等已大不同。我爱喝茶，在崇安这一名茶产地为官。正逢闽浙总督满保制茶进贡，他欲考察源流，故常来问我。我查阅群书，发现武夷之外，还有不少茶事见闻。所以，就想收集资料，续写此经。"

此书沿袭《茶经》体例，共分上、中、下三卷，附录一卷，约7万字。尤是附录，收录历代茶法，史料价值很强。

作者广收博采，分门别类地对浩繁的卷帙进行精梳，摘录了自汉以来除《茶经》外不同类型的史料文献，并修订补辑唐以后多部茶书，可谓历代茶著集大成者。

《四库全书总目提要》称此书"自唐以来阅数百载，

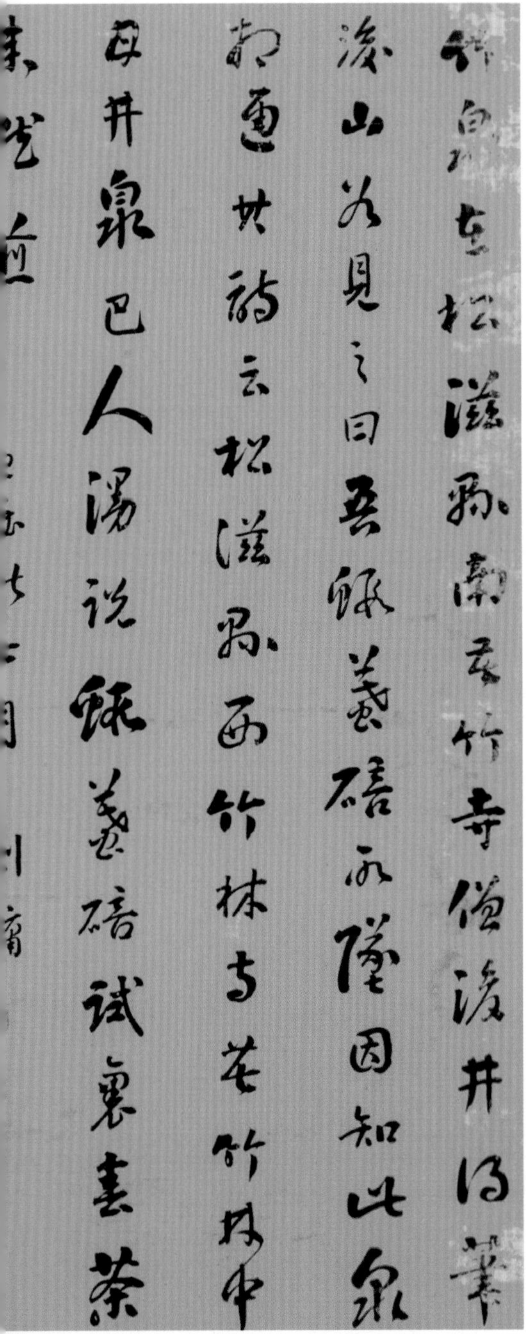

凡茶之产地，制茶之法，业已历代不同，即烹煮器具亦古今多异，故陆羽所述，其书虽古其法多不可行于今，廷灿一一订定补辑，颇切实用。"可见，陆廷灿并非简单的资料"搬运工"，而是以严谨的治学态度辑录此书。比如，他在《续茶经·凡例》中说："偶有议论各殊者，姑两存之，以俟论定。"

此书也有不足之处，全书以资料汇编为主，少有自己的评述。此外，陆氏一人挑起编书重担，遗漏错讹在所难免。但，这丝毫不能掩盖它的光芒，《茶经》为基，《续茶经》又立起了一座新"高峰"。

图100-1　清·刘墉
《节录陆廷灿〈续茶经〉立轴》
行书，山东省博物馆藏

图 100-2　中国茶道之美

参考文献

[1]施兆鹏.茶叶审评与检验[M].北京：中国农业出版社，2010.

[2]朱自振，沈冬梅，增勤.中国古代茶书集成[M].上海：上海文化出版社，2010.

[3]陈宗懋，杨亚军.中国茶经（2011年修订版）[M].上海：上海文化出版社，2011.

[4]沈冬梅.茶经校注[M].北京：中国农业出版社，2006.

[5]余秋雨.极端之美[M].武汉：长江文艺出版社，2014.

[6]李曙韵.茶味的初相[M].合肥：安徽人民出版社，2013.

[7]韩生，千乐庆.法门寺地宫茶具与唐人饮茶艺术[M].北京：长城出版社，2004.

[8]陈文华.中华茶文化基础知识[M].北京：中国农业出版社，2003.

[9]丁以寿.中国饮茶法源流考[J].农业考古，1999（02）：120-125.

[10]黄友谊.试论茶道的定义[J].茶业通报，2006.28（1）：37-39.

[11]刘勤晋.茶馆与茶艺[M].北京：中国农业出版社，2007.

[12]刘清荣.中国茶馆形制、功能演变与前瞻[J].农业考古，2009（06）：193-200.

[13]解致璋.清香流动：品茶的游戏[M].北京：生活·读书·新知三联书店，2015.

[14]蔡荣章，丁以寿，林瑞萱.茶席·茶会[M].合肥：安徽教育出版社，2011.

[15]杨巍.斗茶：宋代最火的全民竞技游戏[J].茶道，2014（02）：16-20.

[16]薛晨，周智修.中国古代品茗空间探究[J].中国茶叶，2017（10），38-39.

[17]蔡荣章.无我茶会[M].北京：北京时代华文书局，2016.

[18]廖宝秀.历代茶器与茶事[M].北京：故宫出版社，2017.

[19]于良子.翰墨茗香[M].杭州：浙江摄影出版社，2003.

[20]刘萍萍.丰子恺茶画研究[D].长沙：湖南农业大学，2019：20-39.